U0558522

情绪是灵魂的语言，
它诉说着我们内心深处的真相。
情绪是内在世界的风暴，
只有直面它，才能找到心灵的平静。

降低内耗
一身轻松

史文利　著

郑州大学出版社

图书在版编目(CIP)数据

降低内耗,一身轻松 / 史文利著. -- 郑州：郑州
大学出版社, 2025. 5. -- ISBN 978-7-5773-1047-3

Ⅰ. B84-49

中国国家版本馆 CIP 数据核字第 2025Y6259S 号

降低内耗,一身轻松
JIANGDI NEIHAO , YISHEN QINGSONG

策划编辑	郜　毅	封面设计	王　微
责任编辑	郜　毅	版式设计	王　微
责任校对	席静雅	责任监制	朱亚君

出版发行	郑州大学出版社	地　　址	河南省郑州市高新技术开发区
经　销	全国新华书店		长椿路 11 号(450001)
发行电话	0371-66966070	网　　址	http://www.zzup.cn
印　刷	辉县市伟业印务有限公司		
开　本	710 mm×1 010 mm　1 / 16		
印　张	16	字　　数	239 千字
版　次	2025 年 5 月第 1 版	印　　次	2025 年 5 月第 1 次印刷

书　号	ISBN 978-7-5773-1047-3	定　价	68.00 元

本书如有印装质量问题,请与本社联系调换。

序

探索内心，摆脱内耗

在当今快节奏、高压力的社会环境中，许多人都深受内耗之苦。内耗，如同一个隐匿在心底的"小偷"，悄然窃取着我们的精力、快乐与对生活的热情。《降低内耗，一身轻松》的出版，无疑为那些在内耗泥沼中挣扎的人们带来了一线曙光，宛如黑暗中的明灯，引导他们走向解脱与自在。

有心理学研究表明，内耗主要源于我们内心的冲突与矛盾。当我们对自己的期望过高，或者过于在意他人的评价时，就容易陷入自我纠结的旋涡。我们不断在脑海中权衡利弊、反复思考，却常常陷入"想得太多，做得太少"的困境。这种挣扎纠结不仅带来内心痛苦，还会影响我们的身心健康。

《降低内耗，一身轻松》以独特的视角和深入的分析，揭示了内耗产生的根源，并提供了一系列切实可行的应对策略。书中指出，要摆脱内耗，首先要从承认情绪、接纳情绪入手，这是减少内耗的关键。当我们能够面对自己的情绪，而不是企图压制、消解、安抚时，才有与情绪和解的可能。

同时，这本书特别强调了改变认知模式的重要性。在认知行为疗法中，情绪ABC理论框架指出，情绪反应是经过认知过滤器"预设"之后产生的。基于此理论，结合NLP框架模型"认识—行为—结果"，可采用以终为始的方法。若要获得不同的结果，必须从改变行为入手；而要改变行为，就需要从最初的认知信念着手，从而在根本上解决问题。我们常常会因为一些片面的认知而陷入内耗,比如过度解读他人的言行、对未来的不确定性感到恐惧等。当我们不再对自己的缺点和不足过分苛责时,内心的冲突就会减少,压力也会得到释放。通过改变那些困住自己的限制性信念,我们能够更加客观地看待自己和周围的世界,从而减少不必要的担忧和焦虑。

此外,书中还提供了许多翔实的心理咨询案例。比如,在"改善亲子关系"篇,介绍了帮助与父母和解的"接受父母法"、增强自身力量感的"与妈妈链接"的冥想练习;在"轻松赚钱"篇,通过改变对金钱的情绪感受来改变自身财务状况;在"回归健康"篇,介绍了通过圣多纳释放法缓解情绪,通过EFT情绪疗法以及敲击人体对应穴位释放情绪等。案例中提到的方法不仅具有很强的实用性,而且非常易于操作。读者可以根据自己的实际情况,选择适合自己的方法进行实践,逐渐摆脱内耗的困扰。

《降低内耗,一身轻松》文风朴素,通俗易懂,案例生动丰富,使读者能够轻松理解书中的内容,并将其应用到自己的生活中。无论是对于心理学专业人士还是普通读者来说,它都具有一定的参考价值和实践意义。

在阅读这本书的过程中,我们可以不断反思自己的生活,审视自己的内心。它让我们意识到,内耗并非无法摆脱,只要我们愿意改变,掌握正确的方法,就能够逐渐减少内耗,让自己更加轻松、自在。

总之,《降低内耗,一身轻松》是一本值得一读的心理学佳作。它为我们提供了宝贵的启示和引导,帮助我们在纷繁复杂的世界中找到内心的宁静与力量。我相信,这本书将会有助于更多的人走出内耗的阴影,以更加积极、健康的心态迎接生活的挑战,享受生活带来的美好。

希望广大读者能够认真阅读这本书,从中汲取智慧和力量,让自己的生活变得更加轻松、充实和有意义。

郑州大学应用心理学教授、硕士生导师　　耿耀国

前 言

　　本书的创作灵感源自我在心理学领域的成长之旅,以及 16 年积累的大量心理咨询案例。这些经历让我深刻认识到,许多焦虑、抑郁情绪以及由此引发的神经症,其根源往往在于自我消耗。这种消耗,多数情况下是由于不接纳和对抗造成的,就像左右手互搏,无法分出胜负,却消耗了大量的精神能量,影响人际关系和身体健康。因此,在本书中,我整理了一些常见案例,希望能够帮助那些受困于此的人找到解脱之道。

　　然而,我必须强调一个核心观点:"助人自助。"每个受到启发并愿意改变的人,都曾在一个关键时刻听到了某个有启发性的观点,从而改变了自己的一生。所谓"助人自助",意味着在人生的旅途中,我们有时需要他人的指引,但最终自己的路还是要自己走。我们不能期望别人来解决自己的人生难题,因为老师或咨询师并没有能力改变你的人生,你所经历的每一件事都是个人修行的一部分,而你听到的那些有启发的观点或案例,只是在内心播下了一颗种子。同样,每个助人者也不应夸大自己的能力,自认为能够改变他人命运。你所能做的,是为那些"电量不足"的人"充电",提供赋能、支持和陪伴。你就像一根拐杖,给予其辅助和支撑,但不能代替他们走自己的路,也不能为他们提供所有问题的标准答案。因为每个人都有自己的自由意志,他们要活出的是自己的人生,而不是被他人安排的人生。

情绪是每个人不可或缺的一部分，因此，我们必须学会如何与之和谐共处。情绪本身并无好坏之分，它们只是在提醒我们需要以"觉知"的态度去审视某些事物，并据此做出相应的改变。情绪可以被视为一个"信使"，它在我们的社交关系、财富状况以及身体健康等多个方面都有体现，通过各种"挑战"来提示我们需要进行调整。它仿佛一只无形的手在推动我们，似乎在说："注意了，检查一下你的内心是否出现了问题?"如果我们选择忽视，情况可能会进一步恶化，直到我们认识到情绪的重要性，并开始改变信念和行为，结果才会有所改善。情绪的积压会导致"三堵"——人际关系、财富和身体健康都会受到影响;而情绪的顺畅则会带来"三通"——促进良好的人际关系、充足的财富和健康的身体。

本书正是围绕这三个方面展开的。导言探讨了精神内耗的根源;第一篇关注人际关系，包括与自己的关系、亲子关系以及与家族系统的关系;第二篇讨论了财富问题，涉及情绪如何影响财富的积累与留存、负债的原因以及如何轻松赚取财富;第三篇则关注身体健康，探讨情绪如何影响健康、常见的身心疾病的心理根源，以及如何调整信念和情绪以减轻身心疾病。

我要感谢所有曾经信任我的个案案主，也感激他们同意我将案例进行必要的加工处理后分享给大家。同时，我还要感谢所有同事和伙伴的支持，是大家的共同努力使这本书得以与读者见面。

史文利

2025 年 1 月

目 录

导言 内耗的根源

第一篇 降低内耗,改善亲子关系

第二篇　降低内耗,轻松赚钱

第三篇　降低内耗,回归健康

导言

内耗的根源

第一节　内耗来自你的念头在打架

要解决内耗问题，首先必须理解内耗产生的根源。只有明白问题的起因，我们才能找到解决之道。佛家认为，贪、嗔、痴、慢、疑是导致痛苦的根源。若能放下这些执着，痛苦自然会消解。我对此表示赞同。然而，深入研究众多内耗案例后，我们发现痛苦并非源自欲望本身——欲望不过是一个念头。实际上，痛苦源于念头之间的冲突，是"我想要"与"不行"这两种对立的念头在打架。正如两个孩子各自追求自己喜欢的东西，并无对错之分，每个独立的念头本身并不构成问题，问题在于一个念头对另一个念头的指责、批评、对抗和执着，这种内心的矛盾才是精神痛苦和内耗的真正根源。

如果你拥有一个坚定不移的信念体系，它将充当你的过滤器，将你认同的观念纳入并付诸实践，而对那些不认同的则予以排斥，甚至谴责其存在的合理性。在这种情况下，信念扮演着过滤器的角色。然而，如果我们吸收了过多的知识却不懂得灵活运用，这些知识就可能转变为顽固的"执念"。

你是否有过类似的经历：与那些刚开始接触数字能量学的人相处时，他们会过分关注数字的吉凶，特别在意他人的电话号码、车牌号，甚至转账时也必须使用特定的数字。有些老板在招聘时也会根据候选人的电话号码来决定是否录用，认为号码不好就不予考虑。还有那些刚开始学习五行颜色搭配的人，他们每天都会特别留意别人穿什么颜色的衣服。我有一个朋友，每次见到我都会说"你今天不适合穿红色衣服""你今天不适合戴红色的戒指"，等等。由于我们很熟悉，我就直接回应他："我喜欢这个颜色，我邀请你对我的穿着提意见了吗？"这显然是我对他越界评价他人的一种反驳。相反，如果我听从了他的话并因此后悔今天的穿搭，我就会陷入自责和后悔的内耗之中。幸运的是，我没有落入他的陷阱。

通常，那些被各种限制性信念束缚的，往往是学识渊博之人。他们学习了大量知识，希望变得更聪明，结果却反被这些知识框架所限制。生命中不仅需要知识来武装自己，更需要智慧来启迪心灵。

倾向于内耗的人往往展现出内心的矛盾，似乎总有两个"小人"在心里持续争辩，一个主张采取某种行动，而另一个则相反，这种内心的对立导致了冲突。例如，你是否曾遇到过这样的困境：尽管明天有考试，理智告诉你应该全神贯注地复习，但你却难以抵制想要看场电影放松一下的诱惑？在这种情况下，如果你选择看电影来放松，即使事后感到懊悔和自责，那也是你在那一刻做出的选择。

根据弗洛伊德的人格三重结构理论，内心的斗争并非仅限于两个小人，而是三个部分之间的较量：首先是"本我"，它像孩子一样追求即刻的快乐；其次是"自我"，它遵循现实原则，调节本我和超我之间矛盾，以合理方式满足本我需求的"即时快乐"；最后是"超我"，它遵循道德原则，是社会规定、伦理道德、价值观内化的结果。这三个部分根据各自的需求争夺主导权，胜利者在一念之间决定，而通常令人感到痛苦的是在这三个部分之间不断纠结、拉扯和犹豫不决。

曾经有一位女士向我咨询："我爱人家中兄弟三人，婆婆长期居住在我家,我负责照顾她的日常生活。虽然我大多数时候认同'孝顺老人是在为自己积累福报',但偶尔也会感到不公,尽管我学习心理学多年,有时仍会心里气不过,该怎么办呢?"

我回答:"即便我们修行,也不意味着能自然而然地达到理想境界。如果我们把人对情绪的驾驭分为三个层次,最底层的是那些初学者,他们的情绪完全受个人喜好左右;最高层的是那些修行到可以接受一切发生的境界,不再有过多的执着和情绪的人;而大多数人则处于中间层,介于初学者和接近圆满的修行者之间。当你有能力坦然接受一切时,就去接受;如果还没达到那个境界,就不要强迫自己按照'超我'的标准行事,因为'臣妾真的做不到'。"

"如果你需要的是被认可,那就让家人通过认可你的付出,让你感到内心的平衡。如果认可也无法让你释怀,那就适当抱怨一下,发泄你的情绪。不强迫自己做超出能力范围的事,也是爱自己的表现。"

最终,她不再感到纠结。

如果用弗洛伊德的理论分析这个案例,案主在用道德层面的"本我"要求自己,而实际我本人在"自我"的层面想事情,于是就有情绪了。当有情绪的时候是逃避,还是真实地面对自己的情绪呢? 当然是面对情绪,台阶太高没有跨过去,硬要求自己腿长是不现实的,只有面对这个不公平的情绪才能看见自己内心未被满足的需求,需求被满足了,情绪自然消失了,同时困扰自己的一些问题也解决了。

有时候道德感过强反而更容易困住自己,还有限制性信念,以及内在的对抗都会让本来强烈的情绪变得更强大了,不接纳就是对抗的一种。

第二节　内耗来自你的不接纳

不接纳,意味着所有那些你所嫌弃、不喜欢、不想要的事物,都会引发一种对抗的力量。例如,有人会说:"我不想要焦虑和紧张,我渴望内心的平静；我不想要自卑和怯懦，我追求自信满满；我不想要拖延和磨蹭，我期望立即行动；我不想要脆弱和不堪，我向往坚不可摧。"

然而，结果往往是，我们没有得到"想要"的，反而被"不想要"的所束缚。试着感受一下，对于所有不想要的事物，我们是否都会尽力去"推开"，甚至是排斥？如果它不愿离去，就会与我们形成一股对抗的力量。正如作用力与反作用力的关系，只有当其中一种力量消失，对抗才会终止。因此，解决之道在于"和解"，而非"对抗"！

不接纳源于我们信念的筛选过滤，以及我们对事物的评判。换句话说，不接纳是因为我们的价值观不允许，我们认为某些事物不好，因此不希望它们存在。深入探究，这反映了我们都希望在他人面前展现自己最好的一面，隐藏自己不那么美好的一面。

例如，父母可能不接纳自己过去的养育方式，认为它们导致了孩子的某些问题，从而引发其心理上的内耗。在亲子关系咨询中，我遇到过一些感到"无力"的家长。仔细倾听他们的谈话，可以感受到这些家长通常在强调自己没有错，即使过去做得不好，现在也已经改正，但孩子的问题仍未得到改善。因此，他们最终得出结论：问题出在孩子身上，自己没有错。是的，有些家长在为孩子沉迷手机、厌学、早恋、叛逆等问题苦恼的同时，也感到深深的羞耻。毕竟，在媒体如此发达的今天，我们经常能看到"孩子是父母的翻版，孩子的问题都是家长的问题"的论断。这些观点使家长更加关注自己的行为模式对孩子的影响，也无形中增加了他们的压力，担心别人会因为孩子的问题而怀疑自己的原生家庭、家庭关系和教育方式有问题。这是自尊心较强的父母难以接受的。在他们看来，自己已经尽心尽力地在做家长，不接纳自己是有问题的家长，孩子的问题一直未见好转，自己也感到委屈。为了证明自己没有问题，他们会到处抱怨，诉说自己已经尽力了，一切都是孩子的问题，家长对此无能为力……这种对自己的不接纳，导致他们将关注点放在证明自己没错，而不是关注如何让孩子变得更好。这不仅增加了内耗，也不利于亲子关系的重建和改善。如果父母能够接纳自己也会犯错，明白别人不会因为孩子的问题而看不起自己,先解决自己的情绪内耗,不再因孩子出现问题而感到羞耻,才能真正回到帮助孩子变得更好的行动中来,不是为了做给别人看,也不是为了证明自己没错,而是将目光和关注点真正聚焦于目标和解决问题。

实际上,情绪有时会对我们产生误导。例如,人们常将情绪划分为"积极情绪"和"消极情绪",这可能导致我们偏爱快乐和喜悦,而排斥愤怒、恐惧。然而,每种情绪都具有其"积极面"和"消极面"。以恐惧为例,若无恐惧感,面对危险时我们可能不会选择躲避,而是盲目地直面,这无疑会带来风险。恐惧情绪在危险时刻实际上是在保护我们,其正面作用不容忽视。因此,我们不应排斥或试图消除这种情绪,而应学会正确地理解和运用它。

这种不接纳的根源往往植根于我们所接受的信念,这些信念可能源自父母、朋友、老师,或是个人经历。如果父母不接纳我们,认为学习不好或犯错意味着不被爱,我们可能会内化这种信念,认为自己不够好,对不被允许的事物持否定态度。因此,当父母不接纳我们时,我们也会对自己变得苛刻,对他人同样挑剔和不接纳,形成一个恶性循环。简而言之,我们对自己的不接纳源于父母的不接纳,进而影响我们对他人的态度,导致各种形式的对抗。有些对抗是如此隐蔽,以至于我们甚至意识不到它们的存在。

一位前同事,坚信自己的价值观端正,对老板和公司都极为忠诚,同时自尊心极强。然而,正是这份自尊心限制了她的发展。我们深知,那些自尊心过强的人往往内心隐藏着自卑。因此,她最难以接受的就是承认自己的错误,因为在她看来,犯错等同于缺失了道德上的"清白感",成了"坏人"、有瑕疵的人。所以,每当事情未能如愿完成时,她总会寻找借口以保全颜面。实际上,这是一种脆弱和缺乏力量的表现。她停留在孩童般的状态,不愿为自己的过失承担丝毫责任。尽管同事多次委婉地向她指出,承认错误其实是一种勇气,因为只有承认了错误,才能获得更多的机会和选择。但她仍旧固执地拒绝认错,总是寻找各种客观理由来为自己辩解。最终,老板不得不请她离开。如果一个人连自我反省的力量都没有,公司又怎能期待她成就大事？将一件小事做好，难道不是职场中最基本的职业操守吗？正是这种看似美好的品质背后隐藏的不良习惯，让她错过了很多美好事物。

许多人不仅排斥自己的某些性格特质，对自己的外貌也感到不满：腿部过粗、身材不够纤细、身高不够高……这导致了他们尽管长期努力，却仍然无法成功减肥。这是因为内心深处无法接受自己。圣多纳释放法①是一种有效的与细胞沟通的方法。如果你持续抗拒，这种状况将永远不会改变。与之和解，接纳它，永远是迈向改变的第一步。

与不接纳相对的是接纳，接纳意味着允许、放下抵抗。家庭系统排列②大师海灵格的诗《我允许》能够帮助你理解"允许"所蕴含的强大力量。接纳意味着接受事物的本来面貌，意味着能够灵活应对各种挑战，展现出巨大的适应力和自信。许多人通过聆听这首诗进行冥想时，感受到了一种强大的力量，甚至感动落泪。

我允许

任何事情的发生

我允许

事情是如此的开始，如此的发展，如此的结局

因为我知道

所有的事情

都是因缘和合而来

一切的发生都是必然

若我觉得应该是另外一种可能

伤害的，只是自己

---

① 圣多纳释放法，一种适用于身体各种疼痛、超重肥胖的情绪释放方法，具体步骤在第四章有详细介绍。

② 家庭系统排列，由德国心理治疗师伯特·海灵格首创，是一种心理咨询技术，以家庭系统为背景，通过个案现场每个代表的移动来判断情绪被卡住的点和未来案情的发展方向，给予卡点清理和疗愈。

我唯一能做的

就是允许

我允许别人

如他所是

我允许

他会有这样的所思所想

如此的评判我

如此的对待我

因为我知道

他本来就是这个样子

在他那里,他是对的

若我觉得他应该是另外一种样子

伤害的,只是自己

我唯一能做的

就是允许

我允许

我有了这样的念头

我允许

每一个念头的出现

任它存在,任它消失

因为我知道

念头本身本无意义,与我无关

它该来会来,该走会走

若我觉得不应该出现这样的念头

伤害的,只是自己

我唯一能做的

就是允许

我允许我升起了这样的情绪

我允许每一种情绪的发生

任其发展任其穿过

因为我知道

情绪只是身体上的觉受

本无好坏

越是抗拒，越是强烈

若我觉得不应该出现这样的情绪

伤害的，只是自己

我唯一能做的

就是允许

我允许

我就是这个样子

我允许

我就是这样的表现

我表现如何，就任我表现如何

因为我知道

外在是什么样子，只是自我的积淀而已

真正的我，智慧具足

若我觉得应该是另外一个样子

伤害的，只是自己

我唯一能做的

就是允许

我知道

我是为了生命在当下的体验而来

在每一个当下时刻

我唯一要做的,就是——

全然地允许

全然地经历

全然地享受

看,只是看。

接纳的更深层次体现为欣赏、臣服与感恩。欣赏意味着我对你的喜爱与敬意;臣服于超越我们的力量,体现了一种谦卑;而感恩于曾经拥有的一切,它将转化为对你的祝福!

第三节　内耗来自你想要的太多

如前所述,佛家认为人类痛苦的根源在于贪、嗔、痴、慢、疑,其中"贪"字居首。在众多案例中,焦虑往往源自我们不断追求"既要、又要、还要……",导致内心不断挣扎、犹豫不决、难以做出选择。

一种内耗源于贪婪,总是渴望得到,想要太多从而显得"忙碌"且"急躁"。

例如,一些家长在孩子遇到问题后,总是期望能找到一种"一招制胜"或"立竿见影"的神奇方法。由于过于"急切",他们神经紧绷,时刻关注孩子是否按照预期发生了变化。这些家长的耐心通常有限,如果短时间内看不到孩子的改变,就会感到挫败和无力,认为自己的努力付诸东流,于是开始抱怨,认为自己已经尝试了所有能做的、应该做的,无论是专家的建议还是朋友的推荐都无济于事。实际上,家长们有时需要的只是更多的耐心,给孩子一些成长的时间，同时也给自己一些时间和空间。

也有人在面对选择时，不仅心怀贪念，而且对形势的变化缺乏灵活的洞察力。近年来，许多行业已经消失，很多人不得不面对职业转型的抉择，仍旧渴望两者兼得。以教育和培训行业的转型为例，许多教师面临职业转换的挑战，他们在取舍之间犹豫不决，于是求助于心理咨询。下面我与大家分享两个相关的案例：

一位41岁的女性教师，正面临职业抉择的困惑：是继续留在现有岗位，还是选择跳槽或独立创业？

在排列过程中，我设置了四个代表，分别象征着从事研学项目、从事赛事项目、经营自习室以及继续在现单位工作。

在排列过程中，观察到前三个项目均与案主背对背，未产生任何合作意向。相反，她的老板坚定地站在她身后，给予其工作上的支持。从目前的情况来看，无论从收入还是个人自由度考虑，现单位的工作都是一个不错的选择。案主也意识到了这一点，但她内心仍感到不甘，因为当前的工作不能满足她对财富增长和获得更多关注的需求。

鉴于我对该行业的深入了解，我向她提供了各项目实际盈利状况的数据，以供参考。此外，我还增加了一个"其他"代表，以帮助她综合考虑自己的能力、兴趣和愿望。通过改变招生策略和授课方式，她最终决定成为一位直播教师，独立创业。这个项目不仅与她原有的工作性质高度相似，客户群体也相同，同时满足了她被更多人认识的愿望，直播带来的收入前景也令人期待。

个案结束后，她却陷入了焦虑，不愿面对结果，担心是否应该继续寻找其他机会。她始终不愿意接受现实情况，经过近一年的犹豫和反复，她再次回到排列的结果。这次，她终于能够安心地选择并坚持自己的决定。

类似的情况发生在另一位女士身上，她在众多潜在雇主之间难以抉择。

这位女士今年45岁，曾是一名公立学校的教师。辞职后，她长期投身于心理学课程的学习，内心世界也经历了显著的成长与转变。在离开原单位的这些年里,她一边学习一边尝试创业,尽管几次合作均以失败告终,但她所掌握的专业知识却得到了认可。因此,在课程中,当有人欣赏她的才华时,便希望她能加入自己的团队。在进行个案咨询时,有三家潜在雇主都极力邀请她加入,对她的加入抱有极高的期待。然而,她却在三家雇主之间犹豫不决,不断观望和权衡利弊,始终无法做出最终选择。最终,三家雇主都失去了兴趣,她也因此被搁置一旁。

虽然这样的结局并不是她想要的结果,但却是一个让她能够从中学习和成长的宝贵经历,试图拥有一切往往意味着最终一无所有。

对于那些过于"忙碌"且"急躁"的人来说,他们似乎总有无休止的任务、应酬和客户会面。他们渴望名声、利益、更多、更快、更好,为了追求想要的结果,不惜运用各种策略、手段和表演,四处奔波,最终导致身心俱疲。回望过去,他们抱怨"人心难测",然而,难道不是每个人都在无意中助长了这种风气吗?人们因内心的恐惧而设防他人、操纵他人,却反过来指责这样的环境。这难道不是我们共同造成的局面吗?

那么,如何摆脱身心的疲惫呢?答案就是"断舍离"。通过"断妄念,舍物欲,离关系"避免被过多欲望所累,失了自己。

另一种内心的消耗源于过度思考而行动不足。内耗的人常常感到无力,例如在面对重要事务时,一方面认为这件事至关重要,必须全力以赴;另一方面又觉得任务繁重、难度大,自己的能力有限,担心无法胜任。想要放弃却又不甘心,继续前行又感到内心的抗拒。面对如山一般的任务,他们怀疑自己能否完成,于是在纠结和拖延中消耗自己,看不到希望,只能不断抱怨:这样的日子何时是个尽头!

"想永远是问题,做才是答案",一旦开始行动,你就迈出了成功的第一步。但请注意,为了避免因任务过于重大而感到压力,你可以将大任务分解为几个小的阶段性任务。将高高的台阶换成低一些的,每次只迈出一小步。在这个过程中,你会体验到成就感,找回掌控感,逐渐建立起自信。

第一篇

降低内耗，改善亲子关系

那些分化程度较低的人，易受情绪张力的驱使，如同棋子般被动地移动；而分化程度较高的人则能更坚强地面对这些张力。

——默里·鲍恩

第一章　亲子关系内耗

许多父母都感到自己深陷亲子关系的困境,特别是面对青春期的孩子时,日常生活总是充满火药味,既不能轻易责备也不能简单惩罚他们。尤其是学习了心理学课程后,许多父母变得小心翼翼,甚至都不知道该如何与孩子沟通了。父母期望孩子能自觉学习,孩子却像是在完成父母交代的任务一般。任凭父母怎么推或怎么哄劝,孩子都不愿意行动,甚至还会加重与父母的情绪对抗或行为对抗,让人束手无策。

如果一个孩子尝试了各种方法仍无法提高成绩,那么问题很可能出在家庭关系上。孩子无法安心学习的一个主要原因,是他们耗费了太多精力在关系问题上。这其中包括亲子关系中的内耗,父母之间的矛盾将孩子牵涉其中,以及父母的养育方式引发的孩子自我内耗。

一些父母可能会好奇,为何许多学霸不仅学习成绩优异,还能抽出时间培养个人爱好和才艺?原因在于他们把所有"电力"都用在各种学习新技能上,而不是用在内耗、与父母或老师的对抗上。

第一节　亲子关系内耗的本质

一、一切问题来自未分化

关系往往被困于情绪当中,正如默里·鲍恩所言:"那些分化程度较低的人,易受情绪张力的驱使,如同棋子般被动地移动;而分化程度较高的人则能更坚强地面对这些张力。"这意味着，我们的情绪大多源自那些"未分化"的关系，而各种情绪的崩溃也都是以关系冲突的形式表现出来的。因此，我们开始深入研究这些关系。如果以自我为中心，首先面对的是与父母的关系，随后是与自己的关系，接着是与同伴、伴侣以及亲子之间的关系。

人的分化包含身体上的"分离"和心理上的"分化"两个方面。孩子与母亲的身体分离始于分娩时剪断脐带，随后是断奶、分床睡、上学等，孩子逐渐从对母亲的生活依赖中成长为独立的个体；与此同时，心理上的分化也在悄然发生。这一分化过程在孩子的青春期达到加速阶段，孩子开始形成自己的世界观、价值观和人生观，对事情有了自己的价值判断，不再事事顺从父母，这在父母眼中可能表现为不听话和叛逆。孩子的成长过程，实际上是从身体独立、人格独立到三观独立、关系独立，最终实现经济独立的过程。这一过程意味着不断面对分离、失去过去、告别，并重新获得新关系，学习让情绪更稳定、沟通更顺畅的新技能的过程。

精神分析的观点认为：所有问题的根源在于"未分化"，即在孩子应当与父母分化的过程中，如果父母不允许孩子分化，或者采取了不恰当的教育方式，导致某些方面的分化受阻，从而造成"未分化"的状态，这使得亲子关系陷入一种模糊不清、边界混淆的纠缠之中。"未分化"的孩子可能缺乏独立的人格，或者在心理上过度依赖父母，成为所谓的"妈宝"；他们可能没有生存技能，需要依赖父母生活，成为"啃老族"；或者成为无法承担责任的"巨婴"；甚至可能因为情商低下而完全缺乏情绪处理能力，从而导致许多冲突和人际关系问题。

如何评估一段关系的亲密度呢？可以通过五个同心圆来进行简单的测试：绘制五个同心圆，将自己、父母、爱人、孩子、兄弟姐妹分别置于这些同心圆中，你会将他们置于哪个圆圈内？

我曾多次进行这样的测试：许多人会将孩子置于最中心的圆圈，其次是父母、爱人、兄弟姐妹，而将自己置于最外层的圆圈，甚至有些人会遗忘自己。我们之前提到的未分化状态，是指个人与父母的关系以及由此延伸的其他关系没有明确界限。关系的构建必须以自我为中心，但许多人将孩子和家人置于最中心，这其实恰恰反映了他是一个"内在没有自我"的人。与之相对应的是，外在表现上也缺乏自我，他人的需求总是被置于自己之上。在社交场合，他们常以"某某的妈妈"自居，甚至微信头像也使用孩子的照片，这些都是缺乏自我的表现。

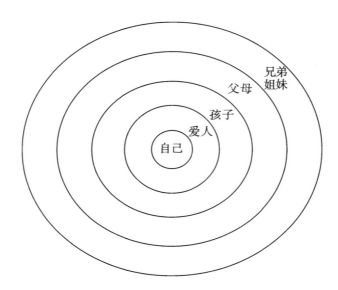

恰当的顺序应该是：自己、爱人、孩子、父母、兄弟姐妹。

如果把这些关系抽象化，人生就剩下三件事：自己的事、别人的事、老天的事。自己的事自己做主，他人的事尽量尊重，老天的事顺势而为，就会少了很多因为边界关系导致的"相爱相杀"。

二、活好你自己是对爱你的人的不辜负

从父母的视角来看，如何管理好自己的情绪，培养出情绪稳定的孩子呢？

答案很简单：活好你自己！

在外部功能上表现出色的父母，如果在事业和人际关系方面都取得了成功，那么必然拥有健全的人格、强大的内心以及稳定的情绪管理能力。父

母认真努力的态度首先会成为孩子的榜样,孩子会明白努力的方向和应有的态度是什么;同时,这样的父母在社会上也容易获得成就和认可,不会将挫败情绪传递给孩子,因为他们根本不会被这些情绪困扰;此外,这些父母有自己的事业和社交圈,不会将所有的期望都寄托在孩子身上,否则不仅给孩子带来压力,还可能因为过高的期望而导致亲子关系的严重对立和冲突。

许多前来咨询的孩子因为没有取得好成绩而感到愧对父母,这种内疚感会导致自我惩罚。因此,有些孩子会在中考前离家出走,漫无目的地游荡几天后才回来,错过了人生中一个重要的考试机会,失去了进入高中和大学的机会。

内疚感会在人与人之间产生强烈的情绪能量纠缠。例如,如果孩子一出生母亲就去世了,周围的人可能会认为孩子"克父母",孩子因此背负着内疚感,未来的生活也会因此变得糟糕,因为他们觉得自己没有资格过得好。

再比如,如果一个母亲总是不快乐,整天愁眉苦脸,她又如何能培养出一个快乐的孩子呢? 孩子从未见过母亲开心幸福的样子,又怎能学会如何快乐呢?

关于父母的关系、行为、情绪对孩子的影响,西方心理学认为,爸爸对孩子最好的爱是"爱妈妈"。妈妈对孩子最好的爱是保持情绪稳定。这意味着妈妈通常需要从爸爸那里获得支持,当妈妈感受到爱和满足时,她就有力量去满足孩子,从而经营好家庭。东方也有类似的观点:"父爱则母静,母静则子安,子安则家和,家和万事兴。""父懒则母苦,母苦则子惧,子惧则家衰,家衰败三代。"从这个角度来看,"儿女不用管,全凭德行感"是有道理的,孩子的人格成长是与父母多年互动的结果,父母做好榜样,孩子自然会效仿。

只有那些活好自己,才有能力培养出成功的孩子。因为你无法给予孩子你没有的东西。在"富养孩子"之前,先学会"富养自己",当父母内心稳定、内在强大时,才能培养出情绪稳定的孩子。

第二节 "鸡娃"是在玩控制与反控制的戏码

一、"鸡娃"的坑你踩过几个

"鸡娃"是当前的网络流行词，指的是父母给孩子"打鸡血"，通过高强度、超负荷的教育方式，希望孩子在学业或才艺上取得超常成绩的行为。

父母在孩子面前的角色：赋能是父母、是教练、更是导师。他们的职责不仅在于启蒙，还包括陪伴和支持。他们应当托举孩子，而不是成为控制者，或代替孩子包办一切，否则容易引发冲突和对抗。

关于教育孩子，我们作为父母肯定有自己的目标，但如果方法不当，可能会导致孩子与我们产生对抗，甚至选择逃避，比如不是叛逆顶嘴就是躺平摆烂拒绝上学。为了避免这种情况，我们在教育孩子时应避免以下几个常见误区：

1. 慎用激将法教育孩子

许多父母都希望孩子能成才，因此在教育孩子时可能会说"如果你不好好学习，将来只能去扫大街"，或"不好好学习，将来会没饭吃"等类似的话。你可能没有意识到这些话语对孩子可能造成的伤害有多大。

一位13岁的女孩，最近频繁割伤自己的手腕。与她的母亲沟通后了解到，孩子正处于青春期，情绪变得不稳定，容易发脾气、摔东西，甚至割伤自己；孩子表示，母亲经常说如果她考不上好学校，就得早早去饭店打工，早早嫁人生孩子，一辈子围着锅台转，这让她非常生气，因此母女俩经常发生争吵。

经过个案咨询发现，孩子割伤自己手腕的行为部分是出于对母亲教育方式的愤怒，母的指责具有很强的伤害性和侮辱性。父母应尽量避免使用这些尖刻的话语来教育孩子，因为它们不仅不能起到激励作用，反而可能产生反效果。

2.不要过度控制孩子

有些家长在教育孩子时，希望孩子完全按照自己的意愿行事。如果孩子不听从，家长可能会采取情感控制、经济控制等各种手段来控制孩子。如在某些家庭中，父母可能会采取过度的控制手段，如持续的批评、唠叨、道德绑架，甚至以生病为由对孩子进行情感上的操控。

一位18岁的男孩，正在复读。他的父母都在体制内工作，无法接受孩子未能考上大学的事实，因此坚持让孩子复读。一段时间后，孩子感到极度不适应，并提出希望在家学习。父母无法接受这一请求，便以切断经济支持作为威胁，迫使孩子继续上学。母亲经常唠叨，坚持自己的观点，直到孩子屈服，这是一种隐性的控制方式。最终，母亲甚至装病，声称孩子不听话导致自己心脏病发作，使孩子感到内疚。每当孩子学习表现不佳时，他就会自责，甚至打自己的脸，向母亲道歉。

孩子无法反抗，也不知如何解决这一困境，最终选择让自己生病，因此寻求心理咨询的帮助。

3.避免用套路操控孩子

有些父母双方都是高级知识分子，非常聪明。尽管老师建议不要说教或控制孩子，他们可能会认为自己已经不再控制孩子、已经非常接纳孩子了，但孩子似乎并未发生变化，仍旧不愿意上学。实际上，有些父母的接纳是虚假的，有些则是有意无意地在套路孩子。

一位15岁的女孩，因紧张手抖而休学在家。在排列咨询中可以发现，孩子的眼神总是受到妈妈的影响。例如，妈妈总是向孩子灌输国内高考的种种弊端，以及国外学习生活的种种好处，如不必一考定终身等。孩子因此对国外生活产生了向往，尽管她从未在国外生活过、插班学习过，也没有与任何有留学经验的孩子交流过，甚至没有参加过研学或游学活动，她对国外生活的认知观念完全来自妈妈。妈妈有意无意地向孩子灌输这些观点，孩子也就接受了。孩子唯一向往国外生活的原因是可以避免参加国内高考。因此，她每天向妈妈展示的都是手抖紧张、无法上学的状态。妈妈也在考虑是否需要让孩子服药缓解这些症状。实际上，妈妈通过自己的言行在套路孩子接受她的观点，孩子也配合地表现出自己有问题，无法参加高考。

套路本质上也是一种隐性的控制，虽然看起来不是直接压迫孩子，但实际上仍在引导孩子走向父母所期望的方向。

关于虚假接纳，曾有一个咨询案例涉及一名13岁的男孩。妈妈在听课后暂时接受了孩子不去上学的决定，对孩子的学习状况不闻不问。实际上，这相当于暂时的放弃。然而，一旦孩子感到自己无法自律并希望母亲提供帮助时，母亲那种不由自主的控制欲便再次显现。尽管她口头上说"我不在乎你的成绩"，但她的行为却透露出截然相反的态度。孩子很快便察觉到了这一点，并重新与妈妈保持距离，不允许她靠近。

4. 不要用金钱诱惑孩子

有些父母可能会想，既然不能直接控制，那我用其他方法引导总可以吧？比如用金钱作为激励。如果你继续问如何引导，答案通常是"用钱"。

一个14岁的男孩，只要父母提及与上学相关的事情，他就会讨价还价地要求给钱。父母因此感到困惑，为何孩子会变成这样，以至于需要寻求心理咨询的帮助。在咨询过程中发现，父母之前过分相信犹太人的智慧，认为应该从小培养孩子的财商，效仿犹太人用金钱激励孩子。他们的初衷是想让孩子体验赚钱的不易，但结果却在学习上"操纵"了孩子的动机。孩子学习不是出于对知识的热爱或好奇心，而是因为父母给钱。因此，孩子形成了一种习惯，即只要父母希望他做某事，就必须给予金钱作为报酬。

这与小孩踢桶的故事非常相似。故事的主角是一群小男孩，他们每天放学后都会去踢垃圾桶，因为这样可以满足他们内心的破坏欲和攻击性，孩子们因此感到非常开心。住在垃圾桶附近的老人不堪其扰，于是决定用金钱来奖励他们。起初，他说孩子们给他带来了欢乐，因此每天奖励他们50美分。孩子们因此更加卖力地踢桶。几天后，老人告诉他们自己的收入减少了，因此只能给每人25美分，孩子们虽然不乐意，但也接受了。几天后，老人又说自己的收入进一步减少，只能给每人15美分。孩子们终于生气地停止踢桶。于是老人终于恢复了往日的平静生活。

　　本来孩子踢桶是因为自己开心，不需要奖励也很享受。但当金钱成为奖励后，踢桶的动机改变了，变成为了钱而踢桶。随着奖励的减少，孩子们最终放弃踢桶。这就是将"内驱力"转变为"外驱力"，不但做事的持续性降低，而且做事的初衷也发生了变化。最终，你可能会发现自己培养了一个唯利是图的孩子。

　　孩子学习也是如此，本来孩子学习知识是出于好奇心和新鲜感，但一旦将学习变成了强加给孩子的任务，孩子就会失去兴趣。

二、"鸡娃"的正确方式

　　父母如何有效地教育孩子呢？这取决于父母所扮演的角色。

　　首先，作为父母，首要职责是爱护孩子。如何表达这份爱呢？通过履行父母的角色来实现。父母应当成为孩子的启蒙者，引导他们探索未知的世界，发现并培养他们的兴趣和爱好。自古以来，孩子百天抓阄的习俗便是对兴趣的初步探索。到了小学阶段，父母可以通过让孩子参加各种兴趣班来进一步发掘他们的潜能，这有助于孩子找到自己的天赋所在。

　　其次，父母还应扮演教练的角色，为孩子赋能，提供陪伴和支持。如何实现赋能呢？父母自身应该是高能量的人，能够提供别人无法提供的东西，如欣赏、鼓励、肯定孩子，让孩子快乐地做事。低能量的父母总是批评、打压、否定孩子，这会让孩子做事犹豫不决。因为，进步并非源于批评，而是源于夸奖。即使在专业领域无法提供帮助，至少也应给予孩子情绪上的支持。

　　以一位40岁的女性为例，她是一位经验丰富的销售员，长了一张会"开光"的嘴，对客户极尽赞美之能事。回到家中，她同样用溢美之词夸赞爱人和儿子，因此她与家人的关系非常融洽，她提供的正面情绪价值是满满的！

那么，大多数家长应该如何做呢？在与孩子的沟通中，夸奖与批评的比例应保持在 5:1 或 4:1，让孩子在无压力、无恐惧的家庭环境中成长，否则孩子的自信心发展可能会受到限制。

一位案主曾分享过她的经历：她的父母都是教师，总是觉得她和姐姐做得不够好，总是挑剔。她的姐姐为了逃离妈妈，宁愿选择一个不喜欢的人结婚，也不愿留在家中。而她自己虽然很优秀，但在妈妈眼中似乎总是不够好。相反，在她爱人的家庭中，尽管婆婆的文化程度不高，只是一位全职家庭主妇，但她总是对儿子充满崇拜，这使得儿子无论做什么都充满干劲，努力为弟弟妹妹赚学费，供他们上大学。他的自信正是来源于妈妈的肯定与欣赏，使他在家中成为那个"无所不能"的人。

关于陪伴，父母应当与孩子共同经历生活中的点点滴滴，例如，在孩子考试时与他一同感受紧张；当孩子与好友发生争执时，陪伴他渡过难关。这些经历都在向孩子传递情感支持，让他感受到被陪伴和被支持的温暖。而不应一味地从成年人的角度批评孩子，比如当孩子提及班级中同学谈恋爱的情况时，如果父母只是简单地制止，那么他可能就不再与你分享这类话题。孩子非常聪明，他会意识到这是父母所不允许的，即使遇到感情问题，也不会向父母寻求沟通，从而错失了父母给予支持和帮助的机会。特别是在孩子受伤或需要帮助时，父母的支持和陪伴显得尤为重要。

关于支持和托举孩子，可以把托举想象成一个动作：我站在孩子身后，用双手托起他的双手。这象征着我站在更高的位置上，既引导孩子，又做他的坚强后盾。这包括为孩子提供必要的物质条件，确保他有充足的食物、温暖的衣物和受教育的机会，同时在精神上给予情感价值，包括爱、陪伴和积极的鼓励。

需要明确的是，父母的角色是引导、陪伴和提供支持，而孩子才是舞台上的主角。你的角色决定了你不能代替孩子上场踢球，也不能包办孩子的事情。这样做不仅会削弱孩子的自主能力，也会限制他们锻炼和成长的机会。

教育孩子的方式多种多样，但必须牢记一条规则："你的出发点应该是出于爱，而非恐惧。"也就是说，教育孩子应当是为了孩子的利益，而不是为了满足自己的虚荣心或控制孩子。当你在教育孩子时，要反思自己的动机是否出于爱、是否能够激励孩子积极行动。不要过分纠结激励的方法和技巧，那样容易陷入形式主义；教育孩子时要真正关注孩子本身，比如对于那些"趋利"动机的孩子，你可以为他们设定目标，他们会努力去实现；而对于那些"避害"动机的孩子，你可能需要向他们说明不采取行动可能带来的负面后果。没有一种方法适用于所有孩子，要根据孩子的特点选择合适的方式。

此外，教育孩子的时机也至关重要。千万不要在孩子情绪激动时进行教育，因为在那种状态下，他们往往不会听进任何道理或激励。此时，他们需要的是冷静和处理情绪，而不是说教。

家长们经常询问，是否存在一种一劳永逸的教育方法，能够一次性地激发孩子的潜力，避免反复的督促和监督。然而，不能忽略的是孩子的成长是一个不断学习新知识、面对新挑战的过程，他们的兴趣和爱好都是会不断变化的，因此，不存在一劳永逸的方法。比较长效的策略是激发孩子的内在动力，兴趣和爱好是内在动力的源泉，只有当孩子真正喜欢某件事时，他才会自发地去做，无须外界督促。

"初唐四杰"之一的王勃，出身于名门望族，家学渊博，是隋朝大儒"文中子"王通的孙子、王福畤的儿子，家中排行老三，7个弟兄中有3个进士，个个名满天下。王勃很早就表现出出色的才华，他9岁撰书，15岁凭文章《乾元殿颂》名扬天下，17岁及第，20岁著作等身。他的作品《滕王阁序》是流传至今的名篇佳作。

我们见过的天才少年能过目成诵的多，可创作力高的比较少见，因为创作能力不仅需要阅读量，还需要阅历。王勃在9岁阅读颜师古写的《汉书注》后，就撰写了《指瑕》10 卷，"指瑕"就是指出其中瑕疵的意思。《汉书》是记录从汉高祖元年至新朝王莽地皇四年历史的史书，《汉书注》是《汉书》的注释，范围囊括了地理、历法、礼法、官制、音读、字义等诸多渊深的学问。颜师古本是大家，当初注释《汉书》时，还参考了之前 20 多家注释，再加上个人的考证，最终定出结果，在音读和字义方面的成就最大。9 岁的王勃在读后，竟能孜孜不倦地撰写出 10 卷指正，这可能是一些人一生的著作量和学术水平。这不就相当于今天的一个 9 岁小孩对一个博导说，你的教材有逻辑错误一样吗？年仅 15 岁的王勃，凭借其才华横溢的《乾元殿颂》，生动描绘了大唐的辉煌，其作品之卓越，堪称天上罕见，地上少有。这使得他得到了唐高宗的青睐，本可顺利步入仕途。然而，王勃却选择了一条更为艰难的道路——与天子进行"对策"面试。这就好比在今天，面对保送名额却选择放弃，坚持通过高考来证明自己的实力。最终，王勃凭借自己的努力，依旧取得了优异的成绩，被授予"朝散郎"的职位，这标志着王勃在十几岁时便拥有了朝廷候补官员的资格。后来，李贤太子邀请他担任编修一职，负责编排《平台秘略》——一部重要的经传大辞典。这项复杂而浩大的工程，竟被这位少年出色地完成了，从而赢得了沛王李贤的高度赏识。《滕王阁序》中的"落霞与孤鹜齐飞，秋水共长天一色"等名句，更是成为中国文学史上的经典之作，被后人反复吟诵，流传千古。这些成就，既可以说是天赋使然，也是源于他对文学的热爱和不懈努力。对于一个不满 20 岁的少年来说，阅读如此多的经典，超越了他人一生的阅读量，并且还能带着思考创作出千古绝唱，这实属难得。这些成就显然不是父母逼迫出来的。可见，兴趣和爱好是最好的老师，也是最持久的创作动力。

不要轻易用金钱等外在因素扼杀孩子的热情，否则可能会得不偿失。以涨工资为例，如果单位给你涨 500 元，能激励你多久？可能一个月？如果涨 5000 元呢，能激励你多久？可能 3 个月？如果涨 5 万元，能激励你多久？可能 1 年？你会发现，外在的物质激励总是短暂的。如果希望一个人持续地做一件事，那一定是出于热爱。在这里，"热爱能抵岁月漫长"并非空洞的鸡汤,特别是对于那些自尊心强、道德感高、竞争意识强的孩子,内在动力的激励效果一定大于外在动力。家长应该努力激发孩子内在的潜力,这比任何技巧或补习班都要有效得多。

热爱不仅能抵御岁月的漫长,还能帮助孩子在遇到困难时找到克服的方法。因为热爱,他们无须咬牙坚持,喜欢本身就是一种奖赏,能带来成就感和喜悦感。当学习变成了一件享受的事情,就无须强迫自己去坚持,学习也会变得愉快而轻松。

父母还应扮演导师的角色。如果父母在自己擅长的领域表现出色,他们可以为孩子提供行业趋势和具体方法的知识,从而启迪孩子的智慧,这无疑是非常理想的。如果做不到这一点,可以尝试用"未来成功景象"法来激发孩子内在的动力。下面是一个案例。

一位13岁的女孩,梦想是组建一个乐队并成功举办演唱会,时间设定为5年后。

问:5年后,如果你的演唱会成功了,那会是什么样子? 请描述一下。

答:我在一个大型演唱会现场,作为乐队主唱和吉他手,在演出结束后向观众鞠躬致谢。台下观众在热烈地鼓掌。(通过画面种下心锚)

问:看到此情此景,你什么感受,作何回应? (调动身体感受)

答:肯定开心啊。(随即小手举起来挥一挥,只是并没有多大热情)

问:你演唱会成功了,你好像并不怎么开心哦,怎么能看到你开心?

孩子:(用力地挥一挥手)(身体才打开,跟想法一致了)

问:要开演唱会,你需要哪些资源? (引导思考)

答:钱。

问:对,而且是一笔大钱,父母都没办法给你攒到,需要资本投资,你感觉资本为什么会投资你?

答:唱得好,吉他弹得好,作词作曲一流,还有学习成绩好。

问:如果把你自己和各个资源的人偶代表摆放出来,会怎样做?

孩子:梦想的人偶最大,而学习和弹吉他等都是小小的人偶。(孩子摆

放人偶）

问：大大的梦想，小小的自己。作词作曲可以支撑你的梦想吗？

孩子：[把小人偶换成了跟梦想一样大小的人偶]（自己笑了）

问：那怎么让资本发现你呢？资本会去哪里找优秀的人？

答：有音乐学院的大学，还有选秀比赛。

问：这样的大学至少得是二本以上，有名师指导。所以学习是否重要呢？

孩子：重要。（点点头）

问：打比赛也要至少进入全国前20吧，才有机会被看到，才有人想捧你。

孩子：（点头表示认同）

问：那么，你打算专注于哪一类音乐呢？

答：R&B风格的音乐。

问：你比较崇拜谁的风格？找一个视频给我看。

孩子：[翻看视频后，结果找了一个类似赵雷民谣风格的视频]（这说明孩子还没有找到要学的风格，也没有具体的偶像，人是迷茫的，梦想也是空洞且没有支撑点的）

继续引导：现在想象你站在5年后演唱会现场，带着这份开心喜悦，重新回到当下，你应该如何一步步走过来？请重新温习一遍要做的事。

答：观众之所以喜欢我的演唱会，是因为我的才华和专业。因此，目前最重要的任务是深入学习专业知识、创作歌曲，并通过参加比赛让更多人认识我。为了被业界知名人士认可，通过比赛脱颖而出，这需要我不断练习吉他、创作歌曲、练声，以及学好文化课和专业课。

问：现在你是否更加自信，并且明确了努力的方向？

答：是的，我知道该怎么做了。

问：我有个请求，当你举办演唱会的那一天，能否在第一排给我留一个座位？我想亲眼见证你梦想成真的那一刻。

答：当然可以！（孩子激动得流下了泪水）

妈妈在旁边微笑着搂着孩子的肩膀说："将来我会带你去看演唱会，妈妈也支持你的梦想！"

个案结束后，妈妈和孩子都真切地感受到：只有充满激情的梦想才是真正的梦想，热爱是推动孩子不断前进的动力。

希望五年后，我能坐在演唱会的前排，亲眼见证孩子的梦想成真！

第三节　孩子一张嘴就各种怼怎么办？

关于亲子关系中的内耗现象，一个显著的问题是孩子在与父母沟通时表现出强烈的抵触情绪，并常常以尖锐的言辞回应。通过成千上万的个案咨询，我们发现了一些常见的原因。

一、孩子内心感到委屈或愤怒

这种情绪通常是对父母的不满，如果父母过于控制，孩子可能会为了表达反抗或不满而用尖刻的话语回应；或者是因为他们长期压抑，直到现在才有勇气表达。

一位15岁的男孩，放学回家后便将自己锁在房间里，拒绝与父母交流长达1个月。

在咨询过程中，妈妈提到曾给孩子送水果，但孩子却显得非常生气，并告诉父母："今晚我不喝水，不吃水果，不要打扰我学习。"随后"砰"的一声关上了门。

孩子表示，父母经常以送水、送水果为借口进入他的房间，看似关心，实则是对他不信任，通过这种方式来监视他是否在学习。

孩子实际上是在表达他的不满和愤怒，同时通过关门来划定与父母之间的界限，向父母展示他的决心和态度。父母意识到孩子的真实感受后，便停止了这种监视行为。孩子通过愤怒维护了自己的个人空间。

父母与孩子之间应该有明确的界限，特别是在孩子的青春期，这是他们逐渐从父母身边独立出来，从不成熟走向成熟的过程。父母应当信任并欣赏孩子，而不是像对待犯人一样进行监视和控制，这反而会导致与孩子的隔阂。引导孩子"温和而坚定"地表达自己，尽量避免使用吼叫的方式。

如果父母缺乏自我觉察，总是无法倾听孩子的心声，孩子可能会采取极端的方式来解决问题。我始终相信"孩子是父母的一面镜子"，只要父母尊重孩子，倾听他们的声音，并迅速做出相应的调整，孩子就不会陷入焦虑和抑郁，需要求助于心理医生。

二、童年创伤的可能性也不能排除

在某些案例中，孩子对父母过度的安排和指挥感到不满。例如，一位17岁的少年，尽管已经成年，父母仍然频繁催促他洗澡和吃饭，这让他感到非常恼火。他不明白为何如此小事还需要反复提醒。对于那些经历过过度控制的创伤的人来说，一旦感知到控制的迹象，他们就会立刻变得愤怒。

童年创伤的处理是必要的，因为即使是一件小事，由于童年创伤的影响，过去的情绪会与当前情绪叠加，导致情绪反应被放大，可能呈现过激的表现，甚至陷入一种无法自拔的模式。

一位25岁的女性，童年时因姥姥重男轻女的观念而受到创伤，养成了过度争抢的习惯。

由于她的弟弟是男孩，在家中享有许多优先权。例如，姥姥会为弟弟购买新手机，尽管她自己也有手机，但她内心充满了愤怒和不公平感，因此会大声斥责弟弟，以发泄自己的愤怒。由于这种重男轻女的创伤，她养成了过度争抢的习惯，比如当弟弟要来她这里吃饭时，她会一口气喝完1.2升的酸奶，即使肚子不舒服，也坚决不留给弟弟。

在咨询过程中，她逐渐明白，姥姥的重男轻女并非针对她个人，而是那个时代大多数老人从上一代继承下来的观念。她可以向姥姥表达自己的感受，以及希望如何被对待。

对于童年创伤，可以寻求专业心理咨询师进行个案处理，或者利用空闲时间参加个人成长课程，以提升个人能量。自我成长是一条"回家的路"，无论如何，都必须与原生家庭和解，接纳父母、接纳生命，再与自己和解，拥抱内在的自我。不断地给自己点赞、鼓励和肯定，才能为自己赋能，让你有能量继续面对未来的一切挑战！

根据精神分析的观点，可知"只有恨表达出来，爱才可以涌现"。因为仇恨会阻塞爱，因此，处理与父母的关系卡点是至关重要的。除了咨询个案外，还可以通过画曼陀罗来释放情绪，使用彩色铅笔快速涂色，同时播放音乐，让那些被压抑的情绪从身体中释放出来。特别是那些小时候被母亲严厉对待、被吼叫导致的积压在身体里的负面情绪，可以通过绘画得到释放。之后，进行与妈妈的冥想连接，提升与妈妈的亲密感和自我安全感，让那个"恐妈"的孩子走出来。

还有一点需要注意，如果这些情绪并非源自自己，而是从妈妈那里继承来的，那么也需要通过个案处理，将父母的情绪归还给他们，自己只负责自己的情绪。

三、孩子似乎从未学会如何恰当地表达自己

当孩子情绪波动较大时，父母应当学会倾听。以下分享一个实例：

一位14岁的男孩，在与父母交流时总是态度恶劣，每次对话都以不愉快告终。

妈妈问："中午吃些什么？"

孩子回答："随便。"

然而，当妈妈将炒好的菜端上桌时，孩子却不满地说："天天都是土豆丝，你就不能换个花样吗？"

妈妈感到愤怒："你不是说随便吗，我都做好了，你现在又说能不能换个花样？你早些时候怎么不说？"

对话因此陷入了僵局。

如果父母感到生气，可以尝试使用以下句式结构与孩子沟通：陈述事实+表达感受+提出期望。

妈妈可以这样回应："我听到你刚才用那种语气跟我说话（陈述事实），这让我感到很受伤（表达感受），我希望你以后能直接告诉我你想吃什么，不要让我去猜，如果没猜中你的心思，我感觉像是犯了错，这让我也很不舒服（提出期望）。"

通过这种方式，父母向孩子展示如何表达自己的情绪，成为孩子的榜样。

上述案例适用于孩子有情绪时的情况，可以采用上述结构，用第一人称"我"的感受来表达；如果孩子表现出情绪，父母可以采取"倾听"的方式，让孩子将内心压抑的情绪释放出来，这通常是更好的做法。

给大家分享一个我在无意间看到的视频案例：

（一位约5岁的金发小女孩，双手环抱于胸前，鼓起小肚子，正与爸爸理论）

女儿：我不喜欢你说话的方式，你对Hope（姐姐的名字）太苛刻了。

爸爸：好的，继续说。

女儿：你生气了，有时候你对孩子很不友好！

爸爸：所以，我们讨论的是我的态度问题，对吗？

女儿：没错。

爸爸：我生气是因为她那样骑车不安全……（话未说完，被打断），你认为我应该对Hope持什么态度？

女儿：如果你不那么说，她就不会那样做（直接把车摔了）。

爸爸：也就是说，我用错了方式？

女儿：对的。

爸爸：（无奈地摊开双手）做爸爸真的不容易，我总是希望给你们最好的选择……（再次被打断）

女儿：爸爸，这就是为什么上帝让我们成为你的女儿，我们需要谈谈，让你对孩子更温柔一些。

爸爸:你是对的,你在帮助我成为一个更好的父亲,不是吗?

女儿:这正是上帝让我们成为你女儿的原因。

爸爸:所以我能成为一个好父亲,我对此深信不疑,你已经帮助我成为了一个更好的父亲。好的,我会认真听取你的意见。

爸爸:I love you !

女儿:Me,too!

这是一个典型的倾听案例,不是你讲你的观点,我讲我的观点,而是顺着孩子的观点让她说出感受,并正面肯定孩子的动机,因为你看到她的情绪后,孩子最后气自然就消了。

必须承认,这位父亲非常擅长倾听,并且能够迅速抓住问题的核心。女儿那突如其来的"小情绪"仅仅因为被"理解"就立刻烟消云散了! 在安抚孩子方面,这位父亲确实有自己的一套,他的情商真是令人钦佩。

四、孩子可能患有述情障碍

述情障碍往往是因为孩子难以恰当地表达自己的真实需求和想法,一开口就可能引发争执。在许多情况下,这样的孩子背后往往有一个爱抱怨的母亲。这位母亲拥有一种特殊的能力——只要她一开口,就能轻易激怒他人。随着时间的推移,孩子也逐渐学会了这种沟通方式。这种交流模式通常以"指责"开始,以"抱怨"结束,或者喜欢用"为什么"来开启对话。

许多母亲抱怨孩子不愿意与自己交流,他们之间的对话往往呈现以下几种模式,看看你家是否也有类似的情况。

母亲:你就不能主动洗一次碗吗? 这么大了什么都不做,难道我是你们爷俩的奴隶吗? 每次吃饭洗碗都要我来伺候?

孩子:……

母亲:水都开了,你就不能把水灌进暖瓶里吗? 非得要人推一下动一下,你们是在给地主干活吗?

孩子:……

母亲:为什么只考了98分? 那两分丢到哪里去了,有没有找出来原因?

孩子:……

母亲:你自己的房间能不能自己收拾一下,连猪窝都比你的房间干净!

孩子:……

当父亲试图介入,为孩子解围时,母亲甚至会连父亲一起责备。

母亲:你又在给他找借口,孩子这样都是你惯的!

父亲:……

这样的对话让人感到非常无奈,仿佛无论谁接话都会引火烧身,因此,周围的人渐渐不愿再与之交流。

这种类型的母亲也擅长说反话,一个典型的例子是,当父亲因喝酒而晚归时,一进门便迎来一句话:"你怎么没留在外面,还记得回家啊?"听到这话,男人可能会立刻感到愤怒,从而更不愿意回家。

实际上,这位母亲真正的需求无非是希望父亲能早点回家。那么,为什么不直接表达"今天在单位工作很累,非常希望你能早点回家帮我洗衣服"呢?

当男人感觉到被人需要,他的个人价值感会得到提升,很可能会因此而早回家帮爱人洗衣服。

你会发现,如果你习惯于这种表达方式,孩子们也会模仿学习,有时他们面对自己的需求也会采取"反向表达"。

一位22岁的女孩,她在恋爱方面显得有些笨拙,常常无意中引起他人的误解。她有一个特别的习惯:一旦对某个男孩产生好感,就会不断地批评他,与他斗嘴。这使得男孩们误以为她并不喜欢自己,而实际上,她是因为害羞而不敢表达自己的真实感情。相反,对于她并不感兴趣的男孩,她却表现得非常礼貌和淑女,结果导致那些她不喜欢的男孩反而会追求她,而她真正喜欢的男孩却都和她成了普通朋友。

经过咨询,她终于意识到了自己为何总是被误解。

述情障碍往往是从父母那里习得的。解决这一问题的最佳方式是暂时远离父母，给自己一段时间去学习一种积极的沟通方式，从而替换掉旧有的模式。这需要你首先有所察觉，意识到这种模式限制了你的人际关系，并且你有改变的意愿。

学习新的沟通方式时，可以尝试使用以下句式作为练习的框架，并通过他人的反馈来帮助自己用新模式取代旧模式：

＊表达对他人情感的理解（参考句式："你感觉……"）。

＊表达对他人意图的理解（参考句式："你想说的是……"）。

＊表达对对方情感与意图的尊重（"我明白这对你来说很重要……"）。

＊表达对对方的关心（"你需要我提供什么帮助吗？"）。

这里提到的尊重是普遍适用的，不仅限于夫妻、亲子之间。特别是对家人的尊重，它反映了你的行为准则和教养水平。我经常看到母亲当着孩子的面批评父亲喝酒和抽烟，孩子也跟着指责父亲，表面上看，母亲似乎在这场争论中占了上风，但实际上，父母双方在孩子心目中的威信都受到了损害。

孩子从这类父母身上学到的是不尊重和缺乏自我意识。他们还常常找借口说："我就是说话直率，容易得罪人，请不要介意。"我从不认同这种所谓的直率，因为面对更高层的领导时，他们绝不会如此直率，而是知道如何说些"好听的话"。当你为自己辩解时，实际上你并没有尊重对方。

五、自恋型人格者往往无法进行正常的沟通

自恋者通常是高智商和低情商兼具的人，凡事以自我为中心，时而极度自负，时而又极度自卑。他们非常自私，一旦自己的利益受到威胁，便会立刻翻脸，他们从不顾及他人的感受，在情绪激动时，他们口无遮拦，只要能让人感到困扰，他们可以不顾一切，情急之下甚至会动手，许多家庭暴力事件也是由此引发。

自恋行为在近年来的个案中有所增加，这既有生理遗传因素的影响，也有很大一部分原因是父母过于溺爱孩子导致的。例如，从小就让孩子独自

享用食物,不与他人分享,孩子变得非常自私;行为上一贯以自我为中心,不顾及他人感受,不高兴时就可以随意发泄情绪且无须承担后果,因为父母总是迁就他们。

对于这类孩子,一方面是教会他们觉察他人的情绪,另一方面是学习使用四位置法来体验换位思考。四位置包括第一人称"我"的视角,第二人称"你"的视角,第三人称"他们"的视角,以及第四人称"我们"的视角。其中,能转换到第二位置至关重要,如果缺乏这种能力,就无法谈及第三和第四位置。

打印四张纸并将其放置于地面,分别代表四种不同的角色,设定一个特定的场景。体验者轮流站在每个位置,从四个不同的角色角度进行体验。体验过程分为三个层面:首先,体验者会做出怎样的动作? 其次,他们会有怎样的感受? 最后,他们会思考些什么? 对于那些身体感知较为敏锐、感受性较强的人来说,他们能迅速地捕捉到不同位置的感受、模仿该角色的动作,并理解其想法。这是一种有效培养换位思考和共情能力的方法。

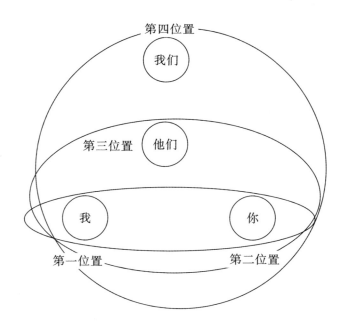

如果遇到严重的自恋型人格者，建议寻求专业人士的帮助，因为这已超出了普通人解决问题的能力范围。

以"温和而坚定"的态度表达自己的观点和想法，有助于建立和谐的人际关系。除了上述方法，这里总结一下有效沟通的步骤：首先，内心要尊重他人，这是进行良好沟通的前提；其次，要能够共情他人的感受，准确地感知并捕捉他人的情绪状态，再进行回应；最后，要留意当前的情境和氛围，这样就不会说出与环境不协调的话。根据美国家庭治疗专家维琴尼亚·萨提亚的观点，有效的沟通应当能够"看见人、看见事、看见具体的场景"，任何一方面的忽视都可能导致沟通目标难以实现。

第四节　情绪价值不够，才要金钱来凑

一、孩子除了要钱，其他时间都不沟通怎么办？

关于这个课题，我想通过一个案例与大家探讨，看看你家是否也有类似情况的孩子。

一位43岁的女性，她的儿子今年18岁，刚上大学离家。妈妈表示，开学初期，儿子每天都会通过视频电话与她联系，但不到两个月，视频通话就消失了，只有在需要钱时儿子才会打来电话。每次妈妈试图多聊几句，儿子总是显得不耐烦，表示妈妈什么都不懂。儿子耐心听完妈妈的话，往往只是为了催促她转账。这让妈妈感到非常伤心，仿佛一夜之间成了空巢老人。

亲子关系是基于亲情和需求而建立的，孩子在成长过程中对父母的需求大致可以分为四类：首先是被照顾和看顾的需求；其次是爱与陪伴的需求，也就是情感价值的需求；再次是金钱支持的需求；最后是教育指导的需求。

这些需求虽然在孩子的成长过程中同时存在，但随着年龄的增长，侧重

点会有所不同：在婴幼儿期，孩子对被照顾和爱与陪伴的需求占比较大，这包括生理需求，如吃喝拉撒的照料；爱与陪伴则侧重于情感关系的培养。如果孩子与母亲的依恋关系建立得较好，那么孩子将拥有更强的安全感，以及更健康自信的人格。

随着孩子逐渐长大，他们对父母的爱与陪伴和金钱支持的需求比例会增加。他们会开始建立自己的同伴关系，变得更加成熟。

到了青春期，孩子对人格独立、思想独立和经济独立的需求会变得更加重要。在金钱的支持下，他们能够享受更高层次的教育，并希望拥有更多的选择权和自主权，对父母的情感依赖也会逐渐减少。

在日常生活中，孩子给父母的感觉可能就像是一颗发射出去的卫星，信号越来越弱，只有在需要钱的时候才会主动联系。这表明你们之间的情感联系可能过于薄弱，四类需求中只有金钱需求得到了满足。父母需要在孩子的不同年龄段调整自己的角色侧重点，同时保持与孩子共情的能力。

案例中的妈妈感到伤心，主要是因为她感觉自己不再被孩子需要了。这是孩子成长过程中不可避免的事情。常言道，"母爱是一场得体的退出"，虽然说起来容易，但真正接受起来却很难。但最终我们必须接受的事实是，父母并不是孩子的未来，而是在帮助孩子迈向未来。有时候，不是孩子离不开父母，而是父母离不开孩子。这一点在孩子参加夏令营时表现得尤为明显——那些担心孩子会哭着找妈妈的父母发现，孩子们玩得不亦乐乎，仿佛忘记了家的存在。父母的生活重心需要逐渐转移，而不是感到被孩子抛弃。

青春期的孩子常常会遭遇诸多困惑和人际关系的挑战。若父母与孩子之间关系融洽，即便孩子遇到难以理解的观点或难以处理的同伴关系，他们仍会向父母寻求帮助。这是因为孩子需要指导、信任、关爱和支持，以及一个分享快乐、倾诉痛苦的伙伴。父母无疑是最佳人选。然而，如果父母在这些方面无法给予孩子帮助，甚至关系恶化到无法正常沟通和相处，孩子除了在经济上依赖父母外，似乎别无他求。如果家庭教育也有所欠缺，孩子与父母的关系自然疏远，他们可能会选择减少与父母的联系。

因此，若希望孩子不仅仅在经济上依赖你，父母应该在学业上给予支持，或在人际关系和交友困惑方面提供指导和帮助。实际上，许多青春期孩子因交友问题而产生自我伤害的情况并不少见，父母必须对此给予足够的关注。

一位年仅14岁的女孩，曾尝试轻生。在她的宿舍里，4个女孩子之间竟然建立了5个不同的微信群，关系之微妙可见一斑。她只与其中一位室友关系亲密，但这位好友却突然与其他室友走得更近，对她疏远了。她感到自己遭到了背叛，而妈妈的反应却是轻描淡写："不就是小孩子闹别扭吗？有什么大不了的？"她感到无人理解自己，便想到了轻生。

经过咨询了解到，她在家中经常受到哥哥的嘲讽，而母亲似乎也对她的情感漠不关心。她感觉自己被家庭遗弃，于是将所有的情感寄托在了这位闺密身上。没想到，她如此信任的人也会背叛她，让她感到人生毫无意义。

在这个案例中，她意识到自己之所以如此依赖这位闺密，是因为原生家庭的抛弃给她带来了创伤。被闺密背叛，对她而言，是再次经历了被抛弃的痛苦。生活中缺乏其他支持，使她的情绪彻底崩溃。同时，通过讲述达·芬奇的故事，让她明白朋友之间的关系总是伴随着忠诚与背叛，如何将这些经历转化为个人成长的资源，是她可以自主选择的。

达·芬奇自幼被母亲遗弃，5岁时父亲也离他而去。尽管凭借画作声名鹊起，却被挚友背叛，导致他沦为囚犯，连女友也被夺走。当他孤身一人抵达米兰后，命运似乎并未好转，为权贵制作雕像的努力也付诸东流。在教堂接受绘制壁画的任务时，神父向他提问："作为一名艺术家，贯穿你一生的主题是什么？"他答道："是背叛。"神父继而反问："你认为耶稣未曾遭遇背叛吗？"众所周知，在最后的晚餐中，耶稣的门徒之一将他出卖，导致耶稣最终被钉死在十字架上。这番话如当头棒喝，唤醒了达·芬奇，他最终以《最后的晚餐》壁画而声名大噪。这幅以"背叛"为主题的杰作，仿佛是从他伤口里开出的花。这一切证明，总有一天，你会明白，你所经历的痛苦终将成为你的礼物。她听后，顿时感到自己充满力量。

有时候，再艰难的挑战也无法击垮你，反倒是那些你珍视的关系困住了你。在交友的过程中，我们不可避免地会遭遇信任与欺骗、忠诚与背叛，这些经历虽然会让我们受伤，但同样可以成为我们跨越难关、走出低谷的助力。在这个过程中，如果有父母和朋友的陪伴，将更容易帮助你摆脱自认为无能和无用的消极情绪。

与儿女情长不同，若对方背叛了我，我或许会想要一杯忘情水，将他遗忘。试问各位妈妈，若孩子此刻让你感到愤怒或不满，你是否愿意忘记孩子呢？妈妈们定会瞪大眼睛，惊呼"怎么可能"。的确，我们修了几世的情缘，才换来这场母子缘分，怎能轻易放弃？作为父母，我们托举孩子，而孩子将我们的爱传递下去，便是对我们爱的最好回报。

二、孩子渴望名牌衣物，我们是买还是不买？

一位 15 岁的男孩，渴望拥有一套名牌运动服，似乎只在乎价格，而不注重是否适合自己。当父母拒绝时，孩子会冷战、发脾气，甚至不断纠缠，直到父母屈服，买下衣服为止。每次遇到这种情况，父母都感到非常头疼，但无论怎样劝说似乎都无济于事。

案例中的孩子出现这种情况，涉及三个主要因素：孩子是否需要购买名牌、孩子的内在需求，以及孩子的价值观。

首先，面对"孩子是否需要购买名牌"的问题，答案显然是否定的。学生依赖父母的经济支持，自身尚未经济独立，过分追求名牌是不必要的。只要穿着得体，不至于让同学看不起，从众心理是可以理解的。但如果孩子过度追求名牌，总是希望购买超出家庭经济能力范围的衣物，那么就必须审视孩子的动机和价值观了。

其次，孩子的内在需求。在案例中，孩子想要购买名牌的动机源于对自己外貌的焦虑和自卑感，希望通过穿着名牌来提升自信。显然，孩子对自信的理解有误，自信应源自内心，而非外在。他错误地认为，名牌衣物能给他带来面子和自信；同时，孩子认为昂贵的东西就是好的，能带来光环。然而，自卑感往往源于自我认知，而非客观事实。实际上，这孩子外表清秀，但他的自我价值感和配得感较低，需要借助名牌来提升自信。

最终，我们需要探讨的是价值观的问题。这里涉及三个关键维度：首先是"数量"——多少是适当的？其次是"优先级"——在花钱时应该优先考虑什么？最后是"因果关系"——谁决定了谁？那么，究竟花多少钱才算合适？花钱必须基于家庭的经济状况，对于资产百万的家庭来说，花费5000元购买衣物可能不是问题，但对于月收入不足5000元的家庭而言，这样的开销显然超出了消费水平。"量入为出"和"穿衣吃饭量家产"是不可违背的原则，必须让孩子理解这一点。至于花钱的优先级，对于学生来说，是应该优先满足学习经费还是购买衣物，答案显而易见。但如果孩子内心因外貌而感到焦虑，即使理解了这一点，也可能难以接受。这时，我们需要先解决他们的情绪问题。那么，自信是否与穿着有关？自信是源自内在的成功体验和父母的肯定，而非外在的衣着；自信、勇敢、果断、坚毅、专注、上进、好学等品质也与衣着无关。如果孩子能够理解这一点，他们的情绪问题也就迎刃而解了。

购买与否取决于我们的价值观选择，但我们也应注意沟通方式。在沟通时，首先需要与孩子共情，站在他们的立场上说："我理解你的感受，我小时候也有想要而没能得到的东西。经过上述三个维度的分析，你是否有了新的认识和看法？我想听听你的想法。"让孩子感受到，即使你没有满足他们的愿望，至少你理解他们。无论决定购买与否，都要向孩子解释你的理由，而不是简单地说"不行"，或者抱怨赚钱的辛苦，指责孩子不懂事，这样容易导致亲子关系破裂。

一个不可忽视的事实是：经济独立的人拥有决定自己的金钱如何使用的权利。

在某些个案中，孩子渴望穿戴名牌并非出于自卑，而是出于攀比心理。这种情况下，好胜心和嫉妒心便显露无疑；若其心理动机是在同学中炫耀，那么可能是在试图通过超越他人的方式来掩盖内心的自卑。

一位15岁的女孩，她的穿着打扮颇为另类，为了追求美丽不惜在耳朵上打多个耳洞，甚至想在手指上镶嵌钻石，以此来提升自己的吸引力。她之所以这样做，是因为平时学习成绩不好。每当与同学发生冲突时，老师和妈妈总是偏袒成绩较好的学生，认为问题出在她身上。在学习上，她始终找不到自己的价值感。然而，她意外地发现自己能够吸引到成绩优异的男生，这让她有了超越同学的资本。因此，她过分地将心思放在打扮自己上，以此吸引那些令人羡慕的男生，内心感到无比畅快和解气。

在个案咨询中，当被要求选择代表自己、学习和未来的三个玩偶时，她选择了小号的木色人偶代表自己，黑色人偶代表学习，红色人偶代表未来。

咨询师继续引导她思考如何才能考上理想的高中。他们讨论了玩偶大小不一所带来的压迫感，以及未来目标的遥远性。

女孩表示，她将小号的"自己"人偶换成了中号的，这样就不会被大号的"学习"人偶压倒了。她将"学习"人偶换成了木色的；但感觉还不够，又在通往未来的路上将"自己"的人偶换成了大号的，并将"学习"换成了金色的人偶。整个变化过程是：代表"自己"的人偶"小—中—大"（木色），代表"学习"的人偶黑色—银色—金色，通过这三步变化走向自己的"未来"。女孩似乎有了新的发现，两眼放光地说："这样看来，考个好高中也没那么难，还有一年半的时间，我可以做到！"看着整个画面，她感到满意，并用手机拍下了整个场景。

通过个案咨询，我们找到了孩子的内在动机。父母和老师也相应地做出了调整，给予孩子鼓励和肯定，确保给予她公平的待遇，避免让她感到只偏袒成绩好的同学。孩子不再需要通过其他方式发泄情绪，而是将注意力转移到学习上。孩子发生了显著的变化，老师和父母都对此赞不绝口。

第五节 培养延迟满足能力才可解任性

孩子往往表现出任性的行为,一旦想要某样东西,便迫不及待地要求立即得到。这种情况在许多家庭中都存在,处理起来确实令人头疼。

一位 13 岁的男孩,他在深夜 11 点突然想吃烤肉,便缠着父母外出购买。如果父母拒绝,他就会发脾气,甚至摔东西。以下是一些建议。

如果孩子所在的城市有大型超市提供小时达服务,父母可以选择网上下单,让食物快递到家。如果居住地没有这项服务,父母可以决定是否满足孩子的愿望。如果选择不满足,可以告诉孩子妈妈累了,建议等到周末再购买,或者选择购买其他类似的食物。如果孩子坚持要求妈妈陪同去购买新鲜烤肉,而妈妈决定不迁就孩子,任由他发脾气,最终孩子可能会放弃,事情也就此平息。

然而,要根本解决孩子任性的问题,我们需要探究其背后的原因。通常,任性的人内心都像个孩子。他们以自我为中心,只关注自己的喜好和需求,不考虑他人的感受。一旦不如意,他们就会通过撒泼打滚来达到目的,无法控制自己的欲望,也不懂得约束自己的行为,这常常给周围的人带来麻烦。

一、导致孩子任性的教育误区

1. 父母的过度溺爱和纵容

在许多家庭,尤其是独生子女家庭中,父母对孩子照顾得无微不至,往往无条件地满足孩子的一切要求,生怕孩子受到任何委屈。这种做法容易使孩子变得越来越任性。祖父母的溺爱尤其严重,这也会加剧孩子的任性行为。

2. 随意训斥或打骂

有些父母在面对孩子的"不合理要求"时，不问原因地采取训斥或打骂的方式回应，这会激发孩子的逆反心理。孩子可能会通过固执己见来对抗父母的粗暴，从而加剧了任性行为。

3. 父母的认知偏差

许多父母认为孩子还小，不懂事，长大后自然会改变，因此不再严格管教。然而，孩子的自控力尚未成熟，他们通常希望按照自己的意愿行事。因此，父母必须坚持原则，对孩子进行适当的管教。

过度溺爱孩子可能会引发"自恋型"暴怒，一旦他们的需求未得到满足，便会对父母发泄怒气，甚至动手。

任性源于对个人"欲望"的无节制追求，表现为一种随心所欲的状态，是对自由和个性的极端追求。它属于人格中的本我欲望，遵循快乐原则，不达目的誓不罢休。

美国心理学家威廉·科克认为，任性实际上是一种心理需求，是人们在寻求"存在感"。例如，"有钱任性"，买两碗豆浆只喝一碗而倒掉另一碗，这反映了渴望被注意、被关注的心理，希望别人知道自己的经济实力。

父母应当区分"需求"与"欲望"的不同："饿了想吃"是需求，而"不饿想吃"则是欲望。当父母察觉到孩子处于"缺乏"状态时，应满足其基本需求，以免孩子感到匮乏；面对孩子的欲望时，则应注重引导，帮助孩子学会控制不必要的欲望。

二、培养孩子的"延迟满足"能力

培养孩子的延迟满足能力与"春种秋收"一个道理，不是所有事情都能立即看到结果，而是需要经历一个过程。比如，想要指甲草开花结籽，需要从3月播种，耐心等待至6月开花，直至8月结籽。同样地，想要学业有成，也需制订学期计划，明确每月每周的学习目标，将科目和进度相结合，日复一日地学习、做作业、巩固知识，并通过考试来检验掌握程度，不断练习、修改和订正，才能真正学有所成。

延迟满足这一概念源自一个著名的心理学实验。在实验中，幼儿园的老师给孩子们蛋糕吃，并告诉他们如果现在不吃，等老师回来后可以得到更多。实验结果揭示了孩子们的不同反应。

第一类孩子紧盯着蛋糕不放，他们长大后大多成为成就卓越的销售人员，因为他们具备了专注目标的特质。

第二类孩子同样紧盯着蛋糕，但当周围出现声响时，他们会机警地观察四周，一旦确认没有进一步的动静，便重新将注意力转回到蛋糕上。这类孩子不仅专注目标，还能迅速根据外部变化做出反应，他们长大后往往成为杰出的领导者。

第三类孩子认为既然现在不能吃蛋糕，就索性走开，这类孩子往往缺乏生活目标，一生可能面临经济困难。

第四类孩子趁人不注意时偷偷抠一块蛋糕吃，长大后他们中的许多人因为涉及贪污或盗窃而身陷囹圄。

这种为了追求更有价值的长期结果而放弃眼前即时满足的能力，正是"延迟满足"的核心。基于以上发现，我们可以采取以下几种方法来培养孩子的这种能力。

一是在教育方法上，父母应避免过度溺爱孩子，不应无条件地满足孩子的需求；同时，也不应完全否定孩子的需求，以免引发孩子的逆反心理。

二是区分需求与欲望，适当满足孩子的基本需求，而不是无限制地满足他们的欲望，并对不合理的欲望进行合理引导，防止孩子任性妄为。

三是教育孩子理解，并非所有事情都能立即实现，有些事需要经过一段时间的努力和等待。

四是培养孩子延迟满足的能力，为了实现更长远的利益，学会放弃当前的即时满足。

在养育孩子的过程中，我们不仅要关注教育行为的层面，还应重视孩子人格层面的发展，因为欲望管理是人格成熟和发展的关键。

第二章　孩子内耗

第一节　三步提升自我价值感

一、孩子太过在乎别人评价怎么办？

是否有些孩子特别敏感,特别在意他人的评价？让我们通过一个案例来探讨:

一位13岁的女孩,她正经历着失眠和焦虑,不愿意去学校。女孩前来咨询时表达了她的困扰:"同桌指责我双重标准、过于敏感,不与我分享作业信息,我感觉她故意针对我;老师批评我眼高手低、不愿虚心接受建议,甚至不回复我的信息,这是否意味着她不喜欢我？上周我没有参加植树节活动,会不会让老师和同学们认为我不热爱劳动呢？"

试问,她每天被这些忧虑所困扰,如何保持自我,又如何专注于学业呢？

一个人过度关注自己在他人眼中的形象,实际上反映了"自我缺失"的问题,这主要表现在三个方面:边界感模糊、自我认知不明确和价值感低下。

第一,边界感模糊,这导致他人可以随意评价自己。人与人之间关系的建立应先确立自我,然后向外扩展。如果总是将他人置于自我之前,甚至没有自我,那么他人就不会尊重你,同时也会随意越界批评你。如果你内心不够坚定,又把这些批评听进去,并且牢记在心,你就会受到伤害。这种容易被他人越界欺负的模式,往往源于父母总是可以随意批评你,随意丢弃你喜欢的玩具等。你允许父母这样做，长大后也就允许他人同样对待你。因此，别人如何对待你，实际上是你自己教会的。

调整的方向是学会拒绝，学会为自己设立边界，明确告诉他人哪些事情是不能对你做的，表明你的立场和观点。例如，当一个喜欢挑剔他人的朋友第一次见面就对我说："你今天不适合戴这个戒指，不适合穿红色的衣服。"我直接回应她："我有邀请你对我的穿着打扮做评价吗？我喜欢这样穿。"这样她就不再多言了。

第二，自我认知不明确，这容易让人受到他人的过度赞扬或被情感操纵（PUA）。关于孩子对自我的认知，可以借助哲学的三个基本问题：我是谁？我有哪些特长和优势？我有哪些局限？当孩子能够清晰且准确地回答这些问题时，他们便不会迷失自我。孩子的自我认知一部分来源于父母和老师——这些他们生活中的重要他人，另一部分则来自自我认知和自我评价。如果这些认知和评价较为客观，孩子便能更真实地认识自己。然而，如果父母出于激励或爱护的目的而给予不真实的评价，这将影响孩子对自身的认知。

曾经，一位妈妈在课程中提出了一个问题：我的女儿这学期被选为音乐委员，我总是夸赞她的歌声甜美，结果她在校被同学们嘲笑为"公鸭嗓"。现在我该怎么办？

我询问那位妈妈：孩子唱歌的真实水平如何？

她摇了摇头，承认说：确实，唱得并不好听。

我反问：那你为何要夸她呢？

她疑惑地问：不是你建议我们要多夸奖孩子吗？

我只好解释：我建议的是真诚的夸奖，而非不切实际的夸奖。

妈妈们需要明白，自己对孩子的真诚评价会影响孩子如何看待自己。如果孩子沉浸在妈妈构建的虚假形象中，满足于被夸奖的喜悦，他们将缺乏抵御和辨别"捧杀"的能力。

另一个需要关注的问题是同伴间的PUA。

这里首先要明确的是：批评与 PUA 有何不同呢？例如，你这道题做错了，应该重新复习相关知识点，并利用错题本进行订正，这有助于巩固知识，而不是对错误视而不见。这是建设性的批评。

那么，什么是 PUA 呢？例如，你总是在同一个地方犯错，只有我能容忍你这样，你以后还不听我的吗？

区别在于：批评旨在指出错误，希望你下次能做得更好；而 PUA 的目的是通过打压和贬低来控制你。

"知人者智，自知者明"，自古以来，认清自己都不是一件容易的事。我们必须教会孩子学会区分"事实"和"观点"。你自己是怎样一个人是无法改变的事实，而别人对你的评价则是基于他们自己的角度和观点。只有分清这两者，才不会被他人的看法和评价束缚。活在他人的评价中是件很累的事情，还会影响你做真实的自己。每位父母都应该告诉孩子，一生中，每个人都只能成为自己，无法成为别人。

第三，自我价值感低落，感觉自己不配拥有美好的事物。有些孩子在成长过程中，从未从父母那里获得过表扬、鼓励和肯定。他们总是觉得自己这里做得不好，那里做得也不好，从而感到自己毫无价值。他们认为自己的价值取决于他人的评价，需要依赖他人来确认自己的价值，或者通过帮助他人来证明自己的价值。

首先，父母应给予孩子无条件的爱和接纳，让孩子感受到被看见和被接纳的重要性。无条件的爱意味着孩子无须用优异的成绩或满墙的奖状来换取父母的喜爱，也不需要表现得懂事听话才值得被爱。孩子仅仅因为是父母的孩子，就应当被爱。同时，父母应多关注孩子做得好的地方，并给予"肯定"的反馈。孩子需要父母的"肯定"来将成功经验转化为自信，缺少这一步，孩子对自己是否做得好会感到不确定。

其次，调整自我认知：无论你做得多好，这世界上总有人不喜欢你；同样，即使你做得再不好，也总会有人喜欢你。如果你执着于被所有人喜欢，就会被这种限制性信念所束缚。为了取悦他人而不断讨好、迎合、攀附，这会让你感到非常疲惫。最终你会发现，无论你如何努力，也无法让所有人都喜欢你。对待任何关系，首要的是相互尊重。如果没有尊重，你大可以像宋小宝那样用一句反式鸡汤回击：讨厌我的人多了，你算老几？喜欢我的人也很多，是不是你不重要。这句话听起来是不是很痛快?!

再次，要对自己的价值进行自我确认。每天都可以进行自我暗示：我是值得被爱的，值得拥有一切美好！我的价值不需要伪装，也不必背负偶像包袱。偶像包袱通常表现为过分在乎自己在他人心目中的形象，只做别人可接受的事，只塑造别人看起来美好的虚假形象。爱面子、有偶像包袱会让你将大量精力浪费在表演上，而忽视了自己真正应该做的事情。同时，这种不真实感也会削弱你的力量，限制你的成长空间。

相反，如果你将自己置于道德的制高点，期望他人像对待圣人一样尊敬你，那么你可能忽视了本我和自我的需求。试问，你内心的孩子是否感到愤怒？如果我们能够坦然接受自己的平凡，承认自己对财富和美色的渴望，并能以此自嘲，那么你终于可以卸下伪装，是不是感到更加轻松了呢？

最后，通过自爱提升自我价值感。自爱意味着接受自己所有的面貌。爱自信的自己，也爱自卑的自己；爱意气风发的自己，也爱受伤的自己；爱开朗大方的自己，也爱不完美的自己。我有"三千面相"，我爱所有的"相"，并欣然接受自己的三千"面相"。拍拍自己，对自己说："完整即爱。"

自爱除了取悦自己、照顾自己的情绪外，还包括不做超出自己能力范围的事。承担超出能力范围的事情是一种过度负责，这种行为源于缺乏安全感，对不确定性的恐惧使自己紧张不安，无法放松。这并非自爱，而是委屈自己。

自爱就是不做降低他人对你尊重的事，包括不做损害自己名誉的事。任何会引起他人反感的套路、心机、势利之举都不应去做，否则不但得不到好处，还会招致鄙视和轻视。

自爱还可以通过曼陀罗画来实现。以自爱为主题，将自己所有的优点写在空白处，选择有感觉的图案用绿色涂鸦，因为绿色象征着生机。一遍遍地描画绿色,内在的生命力会随之升腾,越画越感到快乐。

二、孩子对批评敏感,该如何应对?

孩子对批评的过度敏感往往源于家长或老师的教育方式,这可能导致孩子因冲突而拒绝上学。

一位 17 岁的高二男生,因被物理老师批评而请假。孩子:"在两节物理课的课间,我在做英语作业时,物理老师直接把作业本扔向我的脸,并在全班同学面前说:'即使你英语考 100 分,也无法掩盖你物理学不好的事实。'我觉得非常丢脸,而且我并没有影响到其他同学,他凭什么这样对我? 因为不想再看到物理老师那副样子,我决定不再上他的课。"

通过个案咨询,我们发现孩子产生强烈情绪反应的原因有三个:首先,老师让孩子当众丢面子了,脸皮薄的孩子接受不了,也不知道接下来自己如何面对同学,就不去上学了。其次,尽管孩子很辛苦地学习,但学习成绩依然上不去,他不想面对接下来可以预见到的考试成绩不好的局面。正好老师批评他了,他就找了个借口不去上学。最后,母亲对孩子过度控制,导致孩子在与母亲的关系中总是处于劣势,这次他决心要赢得与物理老师的对抗。

首先,需要解决的是与母亲的关系问题。母亲的过度控制剥夺了孩子的自主权,孩子渴望能够自主决定自己的生活,因此将对母亲的反抗转移到了物理老师身上,这次他决心要赢得胜利。母亲应该适当放手,将自主权还给孩子,这样亲子关系才能得到改善。母亲之所以过度控制,实际上源于她自身的不安全感,她总是想为孩子提供最好的,担心孩子犯错影响升学,但这其实是她无法控制情绪的表现,她需要学会处理自己的情绪,而不是控制孩子。

其次,孩子之所以不想面对考试失败的局面,是因为有避免失败动机的人认为比成功更重要的是保护自己的自尊,会千方百计地让自己不受失败之苦。深层次地讲,孩子不愿意认错主要有以下原因。

一是犯错会让人感到自卑。感觉自己低人一等，进而产生自责和内疚，这种羞耻感让人难以接受。

二是犯错会让人失去"清白感"。在不犯错时，他觉得自己站在道德制高点，一旦犯错，他就变成了"坏人"。由于强烈的道德感，他无法接受认错，因为在他看来，"好人"是不会犯错的，犯错就意味着失去了"清白感"，变成了"坏人"。追求完美的人特别害怕批评，因为他们不允许自己犯错。

关于好人和坏人的比喻来自星云大师讲的一个故事：

有人问：为什么我们家总吵架，而你家不吵架呢？

大师回复：因为你家都争着做"好人"，而我们家都争着做"坏人"。乍一听感觉是不是说反了，为什么好人会吵架而坏人反而不吵架呢？原因是"好人"是永远正确的人，因为总是争对错，所以会吵架啊，吵架的根本原因是维护自己是"好人"的人设，而乐于做"坏人"的是能承认自己错了的人，能承认犯错是"勇气"的象征，只有接纳和承认才会有改变，所谓"知耻而后勇"嘛。

三是犯错会引发罪恶感。罪恶感会驱使人们进行自我惩罚。例如，通过自我责备、自我贬低，导致焦虑、抑郁、身体不适，这些都是罪恶感导致的自我惩罚。

四是犯错容易被人抓住把柄，拿捏你。有时，别人故意指出你的错误，只是为了更好地控制你。因此，当你意识到别人是在故意挑错，寻找你的弱点时，你就不必为那些并不存在的错误道歉。重申一遍，你无须为那些未曾犯下的错误道歉。

因此，对批评的恐惧实际上是对犯错的恐惧。犯错会让人内心难以释怀，招致失败，并可能用身心疾病来惩罚自己。

此外，一些人对批评异常敏感，可能是因为他们有"身份创伤"。例如，在一个重男轻女的家庭中长大的女孩，会对自己的女性身份特别敏感。当听到类似"女孩子到了高中阶段，数理化成绩通常不如男孩子"或"女孩子方向感太差，不如男生"这样的言论时，她会感到受伤。尽管时代已经进步，但这样的性别偏见仍然存在。这些女孩会在学习上努力超越男孩，内心深处不愿输给男孩，这种竞争心态可能会促使她成为一个女权主义者，为女性争取公平。

根据罗伯特·迪尔茨的理解六层次模型，我们可以为她找到一条出路。这个模型分为上下两部分，其中"身份"位于上三层，"行为"位于下三层。因此，对于那些在"身份"层次上受到创伤的女孩，沟通时应降低到"行为"层次。告诉她："不是因为你是个女孩，所以数理化不行，而是因为你还没有找到学习理科的正确方法。一旦找到合适的方法，你同样可以学得很好。"这样，她就不会被女孩的性别所限制，只要在行为层次采取正确的行动，她就有了学习的动力，而不是在无法改变的性别上纠结。同时，这也给了我们一个启示：在表扬孩子时，应在身份层次进行表扬，"你是一个善解人意的孩子""你是一个勇敢的孩子"；而在批评时，则应在行为层次进行，"你的成绩不好是因为还没有掌握恰当的学习方法""你的舞蹈没跳好是因为缺乏练习"。这样的方式可以鼓励孩子积极行动起来。

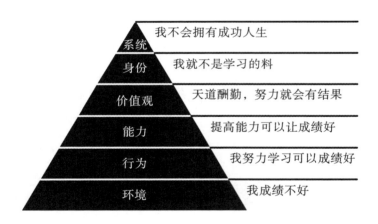

那么，如何使孩子不再畏惧批评呢？有三种方法可以协助孩子应对：接受批评法、避弹衣法、借力法。

1. 接受批评法

适用于孩子在被批评后感到愤怒，却找不到发泄途径时，可以采用此方法来减轻批评带来的负面影响。

首先，选择一个相对安静的环境，无论是坐着还是站立，保持内心的平静，按当前情绪程度打分，按照 1～10 分等级评分标准打分。如果分数超过 6 分，可以继续以下步骤：

想象自己回到被老师批评的那一刻，身边有一个垃圾桶，垃圾桶通过一根管道相连。你拥有一种超能力。可以随时暂停老师的话语，在它们到达你之前。对这些话语进行区分：如果它们对你有益，就将其保留；如果它们无用或不公正，就让它们顺着管道进入垃圾桶。对每一条批评进行甄别，决定是保留还是让它消失。

同时进行自我暗示：对我有益的，我将保留并感谢它让我成长；对我无用的，我会直接丢弃。原理是，你所感激和欢迎的，会因不再对抗而变得柔和；而那些被丢弃的，会让你感到轻松。如果处理后仍然感到不适，就将它们放置在一个你能够看到的小箱子里，等到你准备好处理它们时再进行处理。

最后，重新评估情绪困扰的分数，如果它降至 4 分以下，就可以结束这个过程了。

2. 避弹衣法

对于那些特别敏感，一遇到批评或言语攻击就哭泣的孩子，可以尝试让他们穿上避弹衣。

让孩子想象自己穿上了一件透明的避弹衣，它轻盈如同皮肤一般，环绕在身体周围，只露出眼睛、鼻子和嘴巴。孩子可以自由选择避弹衣的颜色。为了测试避弹衣的效果，可以想象有人向你扔小石头，小石头一触碰到避弹衣就被弹回，并发出叮叮当当的声音。

当有人对你批评或进行言语攻击时，进行自我暗示："我有避弹衣，你无法伤害到我。避弹衣不仅能保护我，还能反弹你的话语。"

如果你熟悉奇葩说辩论赛，就会明白这个概念。如果我确信能够反驳你的观点，我会说"都在我的射程之内"；如果我不认同你的观点，我会做出双手交叉的动作并说"反弹观点"，意味着驳回。避弹衣在很大程度上就是这个喻意。

3.借力法

对于特别敏感的孩子,还有一种方法:借力法。可以借助偶像的力量、历代祖先的力量、天地的力量,目的都是增强自己。

找一个安静的地方坐下,想象自己的历代祖先都站在自己身后,左肩后站着妈妈和历代女性祖先,右肩后站着爸爸和历代男性祖先。他们一代代地将手放在前面孩子的肩膀上,传递力量。其中一些祖先的力量特别强大,他们的眼神坚定明亮。每一代的力量向前传递,直至到达你这里,你会感到后背微微发热,他们都在支持你。深吸一口气,将这股力量储存在心中,并在手臂内侧假装安装一个按钮。当你感到无力时,轻轻触碰这个按钮,力量就会释放出来。

当孩子感到缺乏力量时,可以使用这种方法来提升自己的能量。

如何判断一个人是否具备力量？佛家有一个贴切的比喻:对于上等人,可以直接触及其内心,可以直言不讳,以真诚相待;对于中等人,最多使用隐喻,必须把握分寸,因为他们无法承受过于直接的批评;对于下等人,则应面带微笑,双手合十,因为他们内心脆弱,无法承受过多的指责和训斥,他们更适合世俗的礼节。

一个人的力量大小,可以通过他能接受的对待方式来体现,同时,你对待他人的方式也能反映出你的力量大小。如果你习惯于指责他人,言语尖锐,或者总是挑剔他人,却自诩为坦率,这不仅显示出你的能量低下,也表明你的情商不足。

只有当父母能够控制自己的情绪时,他们才有可能帮助孩子控制情绪。孩子需要提升能量,父母同样需要提升。父母提升内在力量的方法之一是接受父母法。

找一个安静的空间,想象父母就站在你面前,闭上眼睛,放下傲慢和自大,想象自己如同一个需要父母关爱的孩子。即使你可能比父母更博学、更有能力、收入更高,请保持谦卑,以便接受来自父母的爱。

凝视他们的眼睛，对父母说："亲爱的爸爸(妈妈)，感谢你通过你的生命将我带到这个世界，这是一份无价的礼物。即使这是你唯一能给我的，也已经足够珍贵。感谢你赋予我的生命，你无须再做其他事。"这是对父母的肯定，再次确认你的生命源自他们。然后向父母鞠躬以示感激。也可以跪在地上，双手摊开，接受来自父母的爱，将其中一半用来爱自己，另一半用来爱这个纷繁的世界。

如果你无法完成这个练习，实际上是在拒绝父母，同时也可能拒绝了成功的机会，甚至在某种程度上拒绝了父母给予的生命。这或许解释了为什么现在许多孩子选择不谈恋爱、不结婚、不生育，因为父母有时会带有目的性地给予孩子过多，导致孩子对父母的给予产生抵触，甚至包括对生命本身的拒绝。因此，为了不亏欠你，他们甚至会选择结束自己的生命。

如果你提起父母时仍感到强烈的情绪波动，即便你已四五十岁，父母仍旧喜欢为你安排衣食住行，或催促你完成某些事务，你一听到这些就会怒火中烧，这表明你尚未与父母实现真正的心理分离。除了接受父母的本性、与父母和解之外，还需要处理与父母之间的情感创伤，释放那些被压抑的情绪。只有当你释放了恨意，爱才能显现出来。随后，拥抱那个内在受伤的小孩，给予他爱、力量和陪伴，这样你才能变得内心强大。

情感创伤往往会带有某个特定的年龄阶段特征，例如，卡在口欲期的孩子可能会通过过度进食来满足自己，或在每次争执中都力求胜利，以逞一时之勇和口舌之快。这些创伤需要通过专业的个案咨询来处理。同时，压抑的情绪也需要通过一些工具来释放，比如曼陀罗绘画、昆达里尼瑜伽、运动瑜伽等方法都是有效的。在曼陀罗绘画中，如果你发现自己不够爱自己，不够接纳和欣赏自己，可以选择画绿色来激发自己的生机；如果你发现自己难以接纳他人，可以画黄色来增进对他人的欣赏和接纳；如果你感到缺乏动力，可以画红色来增强自己的行动力。认识情绪、清理情绪、接纳情绪，最终放下情绪，这是处理情绪的四个步骤，多加练习将大有裨益。

如果你感觉与妈妈关系不亲，缺乏安全感，甚至存在一定程度的"恐妈"

情绪，可以通过与母亲的"与妈妈连接"冥想来改善你们之间的关系。

寻觅一处宁静之地，闭上双眼，想象着妈妈就站在你的面前。你拥有一种神奇的能力，能够将自己从现在的年龄变回一个婴儿。你俯身在妈妈脚边，用稚嫩的小手轻触她的脚，以引起她的注意。你张开双臂，渴望得到妈妈的拥抱。妈妈如你所愿，温柔地将你抱起，在她的怀抱中，你可以尽情做任何你渴望的事情。比如你可以用你的小脸蛋蹭蹭妈妈的胸脯，可以抱着妈妈亲亲，哪怕把口水沾在她脸上，也可以满足地趴在妈妈怀里享受这个美美的拥抱，简而言之，你可以自由地去做任何你想要的一切，妈妈总是以宠溺的目光注视着你，任由你撒娇。此刻，你被爱包围，被允许，被宠溺，无论你想要做什么，都可以随心所欲。你可以尽情地在妈妈的怀抱中停留，直到你觉得满足。当你准备好了，就从妈妈的怀抱中回到现实，重新拾起你的责任。这个练习，你可以无限次地重复，每当你感到没有力量做事，有不安感，或感觉与妈妈不亲都可以来做这个练习，直到感到充满力量而止。

与母亲建立一个健康的关系，意味着既保持依赖又保持独立。良好的分化能让我们不再受父母情绪左右。也就是说，如果我的内心足够稳定，对自己的认识足够清晰，那么父母或他人的评价对我的影响就会微乎其微。反之，如果我内心脆弱，就容易受到外界的影响。当我过分考虑他人的感受时，我实际上是在将我的力量转移给他人。特别是当我对他人的期望没有得到满足时，需要问自己：是对方伤害了我，还是我的期待伤害了自己？答案显而易见，是我的期待伤害了自己。学会区分"事实"与"评价"，"自我"与"他人"，"期待"与"回应"，收回试图改变他人的手和心，专注于自己的内心世界，你就不会因为别人没按你的意愿行事而感到愤怒。只要别人能够操纵你的情绪，你就仍然是一个内心缺乏力量的人。因此，你可以通过各种方法来增强自己的内在能量。

第二节 提升安全感才是焦虑的解药

一、孩子一提考试就焦虑怎么办?

焦虑是对未来的一种担忧，其背后是不安全感和恐惧的情绪。这种不安全感和恐惧源于缺乏信任——既不相信世界的安全，也不相信自己的能力，或者是因为期望过高而能力不足，从而导致紧张和焦虑。

一位 15 岁的女孩，正经历着考试焦虑。尽管她的学习成绩一直名列前茅，但一提到考试就会出现胃痉挛和腹痛，紧张到无法入睡。她在小考中表现尚可，但一旦面临重大考试，成绩就会大幅下滑。她开始在月考前请假，随后连周考也不参加，最终导致无法正常上学。

经过咨询，我们发现她的焦虑主要源自两个方面：一是期望过高，二是对考试失败的恐惧。

首先，她对自己的期待过高。尽管学习成绩优异，她却给自己设定了一个不切实际的目标——必须考取第一名。这种信念给她带来了巨大的压力，因为并非每次考试都能获得第一名。这种心态导致了两种行为倾向：一是回避考试，二是过度努力。因此，她会在考试前请假，潜意识认为只要不参加考试，就能保持原有的第一名成绩，避免跌落"神坛"。同时，看到原本成绩不如自己的同学排名上升，她更加不甘心，于是给自己制订了更高的学习计划。由于压力过大，她过度努力，但每次都不能完成计划，反而增加了挫败感。过度努力是动机水平过高所导致的副作用，而好高骛远则导致了一次次的挫败，使她陷入了"躺也躺不平，卷又卷不赢"，内耗煎熬的状态，最终导致她耗得自己生病无法起床。

应对策略包括两个方面：一是认知调整，二是减少和放弃不切实际的欲望。认知调整可以从两个角度进行：一是调整对考试成绩的期望，认识到并非每次都能考取第一名；二是根据耶克斯-多德森定律，适度的动机有助于正常发挥，而过高的动机和过度努力只会导致紧张、焦虑，影响正常水平的发挥。要学会管理自己的欲望，对于无法实现的事情不要强求，否则会因连续失败而损伤自信心。就像你一只手能握住10个玻璃球，也能轻松握住2个乒乓球，但无法握住1个篮球。记住，放下那些你无法掌控的球，才能避免陷入焦虑。

其次，对考试失败的恐惧，实际上是对未来不确定性的担忧。这种恐惧与个人信念和经历紧密相关。

她内心深处的信念是：担心"考不上"的后果非常严重。针对这些限制性信念，咨询师采用了两种方法：细切法和换框法。

细切法是将模糊的概念进一步细分、澄清的过程，有助于剥开层层包裹，看到真正令你害怕的是什么。

问：如果考不上会怎样？（细切）

答："考不上爸妈就不要我了""考不上这辈子就完了""考不上会被同学们嘲笑"……

问：考不上和爸妈不要你之间存在怎样的逻辑关系？这种结果是否一定会发生？你可以向爸妈求证他们的看法。

答：考不上意味着辜负了爸妈，他们可能就不要我了。

问：感到辜负爸妈是你个人的感受，还是爸妈真的这么认为？考不上和爸妈不要你之间是必然的联系吗？

答：似乎并非如此。

问：那么，为什么不问问爸妈的意见呢？

父母：即使考不上，我们也不会不要你，你永远是我们的孩子。

问：听到了吗？这和你所想的不一样。你认为考不上就完了，但你的人生难道只是为了考试吗？如果没有考试，你更愿意用你的人生做什么？

答：我的人生当然不仅仅是为了考试，如果没有考试，我更愿意成为一名律师，但成为律师肯定需要经过考试，这似乎又回到了原点。

问：那么，考试是你的生活目标，还是实现生活目标的手段？考试的真正目的是什么？

答：是手段，考试的真正目的是筛选。为了被选拔，我必须真正掌握考试内容。我明白了，考试的目的是检验知识是否掌握。

问：你很聪明！那么，考不好就意味着人生结束了吗？

答：考不好并不意味着人生结束，而是说明我没有学好。

问：那么，考不好应该怎么办？

答：总结经验，找出不足之处，下次争取考好。

问：问题是不是已经解决了？你看，你先是被自己困住了，然后又自己找到了解决之道。

答：我现在很开心，恨不得高举紧攥的拳头，仿佛被希瑞再次赋予了力量！（希瑞是动画片中的角色，每次高喊"希瑞赐予我力量吧"，便仿佛长出了翅膀，能够飞翔，勇敢地投入战斗）

问：如果你考上了会怎样？（第一次转换视角，想象成功后的场景）

答：考上了肯定很开心啊，可以如愿以偿地进入高中了。

问：想象你已经考上了心仪的高中，描述一下那个场景是怎样的？你有什么感受？

答：一中是我们这里最好的高中，我肯定会感到非常骄傲。那里会有新的老师、新的帅哥美女同学，学校有图书馆，听说还有不错的食堂，住宿环境也很棒，可以和同学们一起住，想想都觉得开心。当然，我的大学目标是一定要考到苏州去！

问：那么为了进入心仪的高中、大学，你现在可以做些什么来实现这个目标？（第二次转换视角，聚焦于实现目标的行动）

答：距离中考还有一年时间，我需要把所有知识复习一遍，争取进入班级名次前十，年级名次前五十，体育成绩也要保持在中上游水平。

孩子终于不再那么恐惧考不上，而是将注意力转移到了实现目标的具体方法上，从而从情绪中走了出来。

对于限制性信念，还有一种非常有效的方法，那就是反例法。

以我个人经历为例，我是一个做任何事情都非常认真的人，也是父母和老师眼中的乖孩子。他们的话我总是很容易地当作金科玉律去执行。老师总是强调考试前要复习4遍，我明白这是根据艾宾浩斯遗忘曲线制定的复习次数，我总是严格遵守。如果某次我没有复习4遍，内心就会感到不安，认为自己"没有准备好，因此不会考好"。这仿佛是老师种下的心锚，我也常称之为"老师的咒语"。然而，有一次我没有复习够四遍，结果考试成绩依然不错，这个反例打破了我内心的咒语，让我意识到那不过是我自己认可的一个念头而已。

在研究生时期，我又经历了一次类似的情况。每次考试前我都会仔细准备好文具笔袋。然而，在参加教师资格证考试时，我匆忙赶往考场，结果忘了带笔袋。到了考场，我傻眼了，我只能向邻座的同学借了一支笔参加了考试。虽然那支笔用起来不如自己的笔顺手，但也足够应对考试，而且最终成绩也顺利通过。这个反例的经验让我瞬间打破了原来的信念，意识到忘记带笔袋并不会影响考试成绩。

个人经历和体验能够塑造强大的信念，但这信念同样也能被迅速摧毁或改变，并为我们的生活增添新的体验。

利用成功体验来改变信念和提升自信是最直接且有效的方法。例如，一个女孩害怕考试，但如果她参与体育运动，通过成功的体验就能克服恐惧。小时候，我们学习骑自行车时害怕摔倒，父母会扶着后座给我们"壮胆"，即使他们实际上并未触碰自行车，我们也会感到更加稳定。游泳时，有教练在旁陪伴，你会感到更加勇敢，可以把他们的存在想象成游泳圈，增加安全感，从而鼓起勇气尝试。心理咨询也是如此，咨询师为你指引方向，但最终的路需要你自己去走。咨询师的陪伴就像游泳圈，让你不惧怕溺水。

谈到孩子的自信，如果他们不相信自己能够做到，可以通过植入积极信念的方式进行调整。心理学有一个观点："你的信念创造了你的生活"，并且你会找到自洽的理由来证明你的观点是正确的。

接下来分享一个《红雨伞》的故事：在一个干旱无雨的地方，牧师号召大家祈雨。每个前来祈雨的人都空手进入教堂，路过牧师身边时，人们都会点头问好，只有一个小女孩带了一把红雨伞。牧师好奇地问她为什么要带伞，小女孩回答说："我们不是来祈雨的吗？祈完雨难道不应该下雨吗？"牧师顿时愣住了。故事中，只有这个小女孩真正相信祈雨后会下雨，而其他大人们只是形式上参与，甚至觉得孩子太天真。我们常说"相信相信的力量"，这绝非空洞的鸡汤。如果你想要某样东西，你必须相信它的存在，否则你将无法得到它。你可以告诉孩子："如果你愿意努力，你就能做到任何你想要做的事情。"给予孩子希望和力量，奇迹往往会在不经意间发生！

考试和升学是否真的给孩子带来压力？答案是肯定的。美国心理学家托马斯·霍尔姆斯曾经进行过实验，并给出了各种事件及其带来的相应压力指数。具体数据如下表所示：

各类事件的压力指数

类别	事件	压力指数	类别	事件	压力指数
成就	升学压力	84	健康/关系	配偶或子女死亡	94
	学业失败	77		父母或兄弟姐妹死亡	88
	大学毕业/就业压力或改变	68		离婚或分居	82
				面临监禁	82
	写一篇重要的文章	65		自己或配偶意外怀孕	80
	学业状况发生变化	64		自己或配偶意外流产	80
财务	严重财务危机	65		违背父母的意愿与爱人结婚或同居	75
	财务状况变化	59		失恋	74
成就	职业目标、工作状况变化	60		父母离婚	73
	开始或终止军队服役	57	健康	父母或兄弟姐妹住院就医	70
	学业兴趣变化	55		个人出现伤病	68
	生活环境和状况的变化	55		自己或配偶怀孕	67
	学业成功	54		自己或亲属住院	61
	进入新的大学或学院的变化	54		自己健康状况改变	47
	工作职责的变化	50	关系	与直系亲人关系发生变化	62
	杰出的个人成就	49		性行为与频次变化	55
其他	日常工作生活变化	49		与室友争论数量和类型上的变化	52
	休闲时间数量的变化	49			
	社会活动数量或性质变化	49		宗教信仰变化	44
	学习习惯的改变	46		住处地址变化	43
	体重或饮食习惯变化	39		度假或旅行	30

　　从表格中可以看出，压力单位变化最大的事件往往与人际关系有关。配偶或子女死亡，以及父母或兄弟姐妹死亡的压力指数分别达到94和88。紧随其后的是升学压力，其压力指数为84。学业失败带来的压力指数为77，仅次于离婚、怀孕、流产和被监禁。因此，孩子们在年幼时面对考试和升学失败的压力是相当大的，父母应当适时给予正确引导。

二、孩子社交焦虑怎么办?

随着虚拟电子产品的广泛使用和手机的过度依赖,孩子们的社交圈日益缩小。由于缺少面对面交流的机会,孩子们的社交焦虑现象愈发频繁。此外,一些孩子的社交焦虑可能与父母的教育方式有关,或是无意识地模仿父母的行为。

一位15岁的男孩,出现手抖、紧张到无法直视他人眼睛的症状。经过心理量表评估,他的焦虑、抑郁和社交焦虑得分均较高。

一方面,孩子的社交焦虑和抑郁情绪可能与学业成绩不好有关,他们往往表现出敏感和自卑,这与内心的羞耻感有关,同时也与父母的教育方式有关。例如,父亲经常大声斥责孩子,导致孩子变得胆小谨慎,不敢在人前发言。

另一方面,孩子也从母亲那里承接了抑郁情绪。由于有轻微的身体残疾,母亲内心一直感到自卑,特别是在生下第二个孩子后,她被确诊抑郁症。在咨询个案中发现,母亲抑郁的根源在于渴望得到丈夫的关爱。尽管她曾尝试寻求心理咨询师的帮助,但问题始终未能得到解决,因为她内心并不真正希望康复,她需要的是来自爱人的关注和关心。如果这种需求得不到满足,她的抑郁状况就不会有所改善。在这种情况下,孩子不仅与母亲一样敏感自卑,还因为过度的爱,试图分担母亲的痛苦,这进一步加剧了他的焦虑和抑郁症状。

提出的解决方案是:首先要解放孩子,引导他认识到自己与妈妈都是独立的个体,无须代替妈妈承担她的痛苦,这些是父母之间的问题,与孩子无关。同时,父母需要改变他们的教育方式,更多地鼓励和肯定孩子。在假期期间,爸爸可以带孩子去参加体育活动,增加社交机会。经过一个月的努力,孩子的状况有所改善。至于孩子的学业成绩,当他不再过度关注母亲的情绪后,便能够更加专注于学习,成绩也相应提高。母亲抑郁的根源在于向爸爸"索爱",因此,一方面要让父亲意识到妈妈关注的需求,另一方面,妈妈也不应再通过生病的方式来维系关系，这样孩子就不会因为盲目的爱而承接母亲的负面情绪。

近年来，儿童社交焦虑的发生率呈现上升趋势。通过分析众多案例，我们总结出以下三个主要原因。

一是父母对孩子的过度关注和严格管教，限制了孩子按照天性成长的空间。父母的频繁干预，特别是批评、否定和挑剔，削弱了孩子的自信心，使他们变得胆怯、缺乏勇气，难以结交朋友。

二是教育模式和生活方式的改变，导致孩子缺少与人面对面交流的机会。如今，出于安全考虑，孩子每天由父母接送上下学，课间休息时间被老师占用，几乎没有玩耍和交友的时间。这使得孩子缺乏与人交往的经验，面对面交流时感到困难。在个案中，孩子在虚拟网络中与人交流得心应手，但一旦面对面，就显得手足无措。这正是因为他们在网络世界中度过的时间过长，缺乏真实交流的体验导致的。

三是教育氛围的影响也不容忽视。信息传播的便捷使得孩子们之间的成绩比较不再局限于班级内部，而是扩展到更广泛的范围。这种持续的比较压力，以及对未来的不确定感，无形中加剧了焦虑的发生。此外，教育的目的性过于强烈，使孩子们对学习失去兴趣，感到上学是一种负担，从而产生了厌学情绪。许多孩子表示，他们并非对知识不感兴趣，而是因为学习总是与考试和成绩挂钩，感觉自己像是在表演的动物，这让他们感到厌恶，从而失去了学习的动力。

当前社会普遍存在的一个误区是，凡事都追求"科学化"，过度的人为干预剥夺了孩子的自然成长，使他们变成了没有个性的"工具人"。然后，人们又试图通过心理学课程来学习"如何做自己"，这难道不是一种讽刺吗？

第三节　孩子写作业拖拉的原因

许多前来咨询的妈妈们抱怨孩子写作业时的拖拉和磨蹭行为简直令人抓狂。要解决这一问题,我们首先需要明确哪些行为可以被视为拖拉磨蹭,并探究孩子为何会采取这些行为,以便针对具体原因制定有效的对策。

那么,哪些行为可以被归类为拖拉磨蹭呢? 表现形式多种多样:孩子可能迟迟不肯开始写作业,或者写得异常缓慢,甚至盯着一道题目半小时以上一动不动;在开始写作业前,他们可能找各种借口,比如频繁上厕所、吃东西,或者抱怨笔不好用、桌子太硬,甚至在抠指甲、整理文具盒上花费大量时间,总之就是不专心写作业,各种小动作层出不穷,足以让家长感到无比抓狂。

如果孩子出现上述行为,且并非由于个性天生慢,那么他们通常属于以下五种情况之一:不想写、假装写、不会写、不想为你写、追求完美而无法下笔。下面让我们逐一分析。

一、不想写

这通常发生在那些缺乏学习兴趣,或不理解写作业与学习之间关系的孩子身上。对于没有学习兴趣的孩子来说,他们根本不想写作业,既然连学习都不愿意,又怎么会愿意忍受写作业的痛苦呢? 针对这类孩子,要想激发他们写作业的动力,必须先解决他们对学习的兴趣问题。可以从三个维度入手:在孩子心中种下梦想的种子、树立一个榜样、培养自律的习惯。

关于如何在孩子心中种下梦想的种子,吴老师曾分享过她女儿的故事。

孩子放学回家后懒洋洋地躺在沙发上,不想写作业。吴老师的第一反应是催促她去写作业,但作为心理咨询师,她意识到不能这样做。于是,她与女儿进行了一次对话。

吴老师：你的梦想是什么？

女儿：我想去美国西部晒太阳。

吴老师：要在美国西部晒太阳，你打算从事什么职业呢？

女儿：我想成为一个农场主。

吴老师：为了实现这个梦想，你需要做些什么呢？

女儿：我需要学习英语、动植物知识，还要学会如何经营一家农场……

意识到有如此多的任务有待完成，女儿迅速从沙发上跳起来，跑去做作业了。

故事并未就此画上句号，吴老师还激励女儿画一幅梦想蓝图，并将其张贴在客厅的显眼之处。每当有访客到来，她都会向他们介绍女儿的梦想。后来，学校邀请她进行演讲，她便分享了女儿的梦想，这使得全校师生都知道了女儿的梦想。多年来，女儿一直热衷于参与与动物养殖相关的课外活动，并在宿舍里养了一只小仓鼠。在申请国外大学时，尽管女儿在某些方面不如其他申请者，但她对生活的热爱使她成为唯一被录取的学生。最终，她得知提供全额奖学金的竟然是一位 80 岁的农场主老太太，这真是一个神奇的巧合。

故事分享完毕，这难道不是一个完美的心想事成的案例吗？让孩子找到梦想或自己的兴趣爱好，她才会有做事的动力。

关于偶像，前面提到了想要组建乐队的小宝贝的案例，想要创作 R & B 风格的音乐，找到偶像就显得尤为重要。偶像可以具体化你的梦想，模仿他的风格是第一步，更重要的是，这个人在逆境中能成为激励你继续前行的动力。

梦想提供了动力，偶像具象化了行为和做事风格，而自律则是实现梦想的阶梯，三者缺一不可。

要么没学习动力，要么不了解写作业与学习之间的联系，不知道通过写作业来巩固知识的，自然就不愿意写作业了。请务必利用艾宾浩斯遗忘曲线向孩子阐明：写作业是为了对抗"遗忘"。之所以会安排"随堂练习、当天作业、周考和月考"，这些都对应着艾宾浩斯遗忘曲线中的关键遗忘时间点，尽管经过这四轮的知识巩固，知识的保留率仅剩五分之一，不巩固会忘得更快。早一点让孩子理解到这一点，他们就早一点明白为什么要写作业。

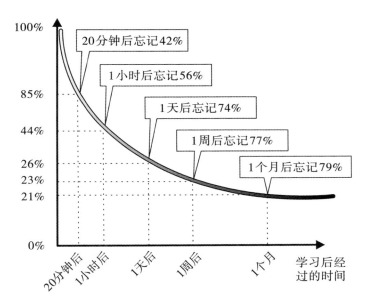

艾宾浩斯遗忘曲线

二、假装努力

当孩子内心并不真正想做，而只是做给你看时，那就是在假装努力。假装努力的典型特征是"不走心"，例如，一页书可以看上20分钟都不翻页；整晚坐在那里写作业，却几乎写不了几道题；尽管非常努力，但成绩毫无进步；没怎么看书，眼睛却高度近视；一学习就神经衰弱。实际上，这些都是不想学习的表现，身体因为内心的抗拒而成为替罪羊。

假装努力的孩子有两个心理动机："欺人"和"自欺"。这样的孩子自认为很聪明，以为别人看不出来。

首先是"欺人"。众所周知，"不要假装努力，结果不会陪你演戏"。因此，假装学习的孩子不仅无法获得好成绩，还缺乏自律，处处需要监督。他们假装出来的乖巧只是一个面具，在逃避父母的惩罚的同时，也成了束缚自己的枷锁，感到不自在。他们本想欺骗父母和全世界，最终却只是欺骗了自己。

其次是"自欺"。有些孩子虽然聪明，但往往是损失厌恶型的，不愿意付出太多努力却想要获得好结果。他们经常制订一些看似完美的学习计划，但最终都无法实现。表面上看起来很努力，实际上却没有真正投入。

针对这样的孩子，有两个调整方向：

一是帮助孩子找到兴趣和热爱，这样他们才会真心喜欢去做，而不是仅仅表演给父母看。因为喜欢，他们才能保持专注力。

二是即使孩子不是狂热地喜欢，只要能做到"一心一意"，"身心合一"，他们的学习成绩也不会差。"身心合一"可以理解为意识和潜意识的统一，头脑知道需要学习，内心也真心投入学习，两种力量合而为一，方向一致。真心提供了动力和能量，再加上认真踏实的态度，学习效果自然会好。

有些孩子无法忍受这种伪装带来的束缚，在初高中阶段便吵闹着要外出打工，认为这样既无须伪装学习，还能实现经济独立。在许多案例中，即使父母试图通过引导让孩子体验工作的艰辛，希望他们能理解工作并非想象中那般简单，若孩子对这种方法不接受，那么让他们体验不同的生活也未尝不可。正如黄仁勋所言："一个人的韧性，是通过接受社会的毒打而磨砺出来的。"

三、不会写

有些孩子在写作业时进度异常缓慢，原因可能仅仅是他们不会写，或者没有掌握正确的学习方法。这里，我将分享三个有效的学习策略。

一是复述策略。这一策略非常适合文科的背诵类知识。孩子们小时候无意识记忆力很好，让他们先背诵下来，即使无法理解文章的内涵和境界，随着年龄的增长，他们总会有机会"反刍"这些知识。如果一开始就没有记住，那么理解更是无从谈起。我读研阶段的教育史导师，就让她的儿子从小背诵《大学》《论语》等经典古文。随着年龄的增长，她的儿子能够根据自己的人生阅历，对这些文章产生不同的理解，这种经历使他在学习上出类拔萃。

实际上，背诵在某种程度上也是一个积累的过程，有了积累才能模仿，进而创新。正如那句老话所说："学会唐诗三百首，不会作诗也会吟。"知识的沉淀能带给你语感、灵感，帮助你完成从模仿到创新的转变。

二是精加工策略。这是一个适用于文理科的学习方法，通过加工知识来帮助记忆，避免遗忘。

（1）利用顺口溜记住元素周期表。例如："氢氦锂铍硼，碳氮氧氟氖"，这样的记忆方法多年都不会忘记。

（2）使用谐音法记住圆周率。3.14159,26,535,897,932,384,626,可以谐音为："三顶一寺一壶酒,尔乐,苦煞吾,把酒吃,酒杀尔,杀不死,乐尔乐。"

（3）首字母缩写。例如大五人格模型 OCEAN，代表开放性（Openness to Experience）、尽责性（Conscientiousness）、外向性（Extraversion）、宜人性（Agreeableness）和神经质（Neuroticism）。

（4）自定义记忆法。例如，地球赤半径约为 6378 千米，可以延伸想象为"六三有七十八个儿子"。

三是组织策略。通过使用类思维导图框架来整理内在逻辑结构，将书中的所有知识点用图表形式列出，这是将书"从厚读薄"的过程，然后再将每个详细的知识点填充进去，这是"从薄到厚"的过程。通过这种方法，孩子不仅能掌握零散的知识点，还能了解它们之间的逻辑关系。因此，你常会看到学霸们在课堂上指出"老师，这道题缺少了一个前置条件"，或者在考试时说"老师，这道题超纲了"。当你还在为题目困惑时，他们已经知道缺少了什么条件。掌握了这种策略，下次你也能做到。

除了这些学习策略，我们还可以主动向老师和同学请教其他有效的学习方法。例如，向老师咨询 3 个高效学习的技巧，或者向 3 位学霸分别学习

3 个学习方法，这样就能获得 12 种不同的学习策略。根据个人情况，可以直接采用这些方法，也可以将它们交叉融合，重新排列组合出更多适合自己的学习方式。关键在于这些方法必须适合自己，使用起来高效且得心应手。如果有效，就继续使用；如果无效，则更换其他方法。只要持续努力，学习效果总会有所提升。学习不仅需要主动性，还需要科学方法，没有学不会的学科。

四、孩子不愿"为你"写作业

孩子不愿意为你写作业的一个原因可能是父母承担了过多的学习责任。这表现为父母对孩子的学习过度关注，无论是写作业还是考试，都显得比孩子本人还要焦虑，不断催促孩子并指导每一个细节。这种行为无意中剥夺了本属于孩子的责任。学习是孩子的责任，孩子才是学习的主体。当父母过度介入，角色错位时，孩子会产生抵触情绪，感觉学习是为了父母，而不是为了自己。孩子若不是出于自己的意愿去做事，自然缺乏动力。

需要做出的调整是父母应将责任交还给孩子，父母的角色应是作为支持者在旁协助、陪伴和鼓励孩子，而不是代替孩子完成任务。

孩子不愿意"为你"写作业的另一个原因是父母强迫孩子做作业，孩子会用厌烦、拖延、磨蹭等行为表达对你的不满。因为有一定隐蔽性，属于被动性攻击。孩子心想："既然你要我快点完成作业，那我就慢慢来，让你着急，气到你，我就舒服了。"通常，那些在父母严格监管下被迫学习的孩子缺乏持久的学习动力。因为孩子的成绩是被父母逼出来的，一旦离开父母的监督，孩子就缺乏自主学习的意愿和热情，没有明确的目标，最终可能一事无成。这往往是由于小时候过度管教导致的，孩子没有培养出自主性，甚至可能变得过于依赖父母。

一位 15 岁的男孩，休学一段时间了，父母希望借助咨询让孩子早点回到学校。咨询过程中发现孩子困在了两个点上：一是跟父母对抗，因为他是一个自主性比较强的孩子，希望父母不要管自己太多。二是找不到快速跟上学习节奏的方法。用他的话说,"我也是要脸的"。他每次问老师,老师都是不屑地用手敲敲桌子,说:"你连这都不会?"他实在不知道怎么办才好。

关于第一点,让孩子拿出一张纸,把希望父母管的事和不希望父母管的事列出来。如此一来,不仅是两个人分别对管什么、怎么管有了一个对标,保证你说的跟我理解的是一个东西;同时,避免了因无效沟通总是吵架,导致孩子感觉自己不被理解而妈妈困于"怎么就不理解你了"的状态。

孩子未来想做钢琴老师,可当下离中招考试只有 100 天了,怎么快速掌握考点呢? 首先,把中招考试科目全部拉出来,找出哪些是需要老师重新教的科目,孩子指出是数学、物理和化学;哪些是自己背背记记就可以过关的科目,孩子指出是政治和历史;还有两门是语文和英语,这两门重点想要提高的是作文。

根据以上分析就找到方法了:数理化找一对一老师快速补课,比如中招数学共有 127 个考点,就把所有知识点拉出来重新学一遍,并认真写作业巩固知识;作文部分想提分,找语文和英语老师用一周时间教一下写作结构,套模版来写,内容需要用平时积累的知识来填充,作文的问题解决了;最后是政治和历史,每天安排一定任务量来识记即可。至于时间轴的安排,根据考试时间和靠前集中复习 4 遍来分配时间,第一遍学习知识点用 60 天完成,第二遍复习用 20 天,第三遍用 10 天,最后一遍 7 天全部温习一遍。

同时把上面提到的学习方法策略教了孩子一遍,如何用正确的学习方法提高学习效率,在这么短的时间内完成如此艰巨的任务。

个案结束,孩子好开心,之前想学就是找不到合适的方法,这个问题终于解决了,他眼里有光的样子想必是父母最想看到的吧。我和他约定等他中考成绩出来后一起庆贺。

这个案例里就用到了找到学习的热情和动力:想考好大学将来做钢琴老师;学习如何制订学习计划及方法步骤,跟着老师重新把考点学习一遍,学习方法用到三大学习策略;跟父母关系的对抗用书面约定的方式解决了,只要父母稍稍放下过度操控他学习的节奏,把自主权还给孩子,孩子是愿意为自己的未来搏一搏的。

父母应该尝试帮助孩子找到学习的动力，找到他们真正热爱的事物。因为有了热爱的目标，孩子会自发地学习，同时，父母应该还给孩子自主权，让孩子学会自我管理，对自己的生活负责。

五、追求完美迟迟下不了笔

追求完美的孩子具备哪些特质？他们对错误几乎零容忍，尤其是无法接受笔记中出现错别字，一旦发现，他们宁愿撕掉重写，导致笔记本常常被撕得支离破碎，他们渴望每一页都整洁美观。对待笔记都如此认真，面对未准备充分的事情，他们往往无法迈出第一步。人天性喜欢去做容易的事，再做难的事。对于追求完美的孩子来说更是如此，总是希望等到一切准备就绪再行动。"不打无准备之仗"是他们的生活信条，这更使得他们迟迟无法开始迈出第一步。

第一种方法是将一个大型任务分解为多个阶段，每个阶段都允许进行调整和修正。这样可以减少孩子因总觉得自己准备不足而留有遗憾的担忧。可以制订一个详尽的计划，并按照既定的节点逐步推进，避免因一次性面对一个庞大目标而感到无所适从。

第二种方法是尽量避免设定过于严苛的时间限制。对于追求完美和容易焦虑的孩子而言，截止日期往往是一种无形的压力，因为他们必须在规定时间内完成任务，这种被逼迫的感觉可能会引发焦虑。而对于那些喜欢竞争的孩子来说，截止日期、比赛和考试则可能成为刺激做的更好的因素。想象一下，如果你是一个慢性子的人，背后总有一个急性子的妈妈不断催促你"快点"，你是否会觉得恼火？尽量避免成为那个总是试图控制孩子的妈妈。

第三种方法是减少对孩子的批评。因为害怕犯错，孩子可能连第一步都不敢迈出，如果你再批评他，他就更难迈出那一步了。如果孩子认为犯错是一件令人羞耻的事情，羞耻感会让他不愿面对问题。此时，可以告诉孩子："犯错是可以的，因为错误能让你学到新东西。重要的是从中吸取教训,确保下次不再犯同样的错误。同时,勇于承认错误也是一种勇敢的表现。你也可以哭泣,这是情绪的自然表达和释放,每个人都有这样的需要。但哭过之后,我们需要变得更加坚强,去解决问题。"

第四节　有自主权才有自律性

观察孩子是否自律,可以看看以下几点是否在你家孩子身上有所体现:

第一,孩子沉迷于手机,无论提醒多少次都无法自拔,昼夜颠倒,废寝忘食地玩手机,仿佛着了魔。

第二,孩子写作业时需要不断监督,否则作业难以完成。

第三,尽管设定了多个闹钟,孩子早上依旧难以起床,导致上学迟到,甚至因此逃避上学。

第四,孩子花钱没有节制,见到喜欢的东西就买,缺乏预算管理的概念。

从这些行为中,你是否察觉到一个共同点:孩子对任何事情都显得"没够"。这种行为背后的心理动因是"匮乏感",一个人只有感到"缺"时,才需要"补偿"。孩子内心可能有一个"空洞",这个空洞可能是物质上的,如缺钱,也可能是情感上的,如缺乏关爱、自由或选择权。任何能满足这些需求的活动都可能成为孩子寻求慰藉的手段,他们可能会疯狂地通过某些行为来填补内心的空缺。

此外,自律的缺失还与人格发展受限及缺乏内在驱动力有关。弗洛伊德的人格发展理论指出,童年经历对个体将产生深远的影响。在原生家庭理论中也有类似观点:"幸福的童年可以治愈一生,而不幸的童年则需要一生去治愈。"自律通常是在人格发展的肛门期形成的品质,大约在 1.5 岁~3 岁。在这个阶段,孩子的自主性与父母的控制之间需要保持平衡。如果父母控制过严,孩子的自主性、自信和自尊可能会受到限制,导致两种极端倾向:要么极端自律,要么极端不自律;要么极端节俭,要么极端挥霍;要么极端洁癖，要么极端邋遢。这种影响的一个副产品是在思维和人际关系上形成非黑即白的二元对立观念，总是纠结于自己的行为是否正确、是否令人满意；另一个副产品是喜欢控制他人，按照自己的意愿行事，而不是理解和接受他人的感受。他们虽然常问"你想要什么"，但实际上却常常通过行动来控制你。

一、培养孩子的自我驱动力

很多孩子的自主性往往由于父母的过度干预而受到损害，尤其对于青春期孩子来说，一个可行的解决策略是将自主权归还给孩子，从而培养他们的自我驱动力：

补救的机会在于将"自主性"归还给孩子，让他们有机会从头开始学习如何独立行事。例如，可以让孩子自己制订学习计划，根据自己的学习能力来设定学习的节奏和进度，避免对最终期限施加过多限制。如前所述，对于高度敏感的孩子来说，截止日期可能会对他造成无形的压力。让孩子重新找回自己的节奏和自主性，实际上也是重新培养自己的过程。同时，由于孩子的参与，他们会有一种自我承诺感，因此计划通常会完成得更好，因为没有人愿意言而无信。

培养孩子的自我驱动力与他们内在的兴趣和爱好息息相关。可以使用之前提到的"梦想+偶像+自律习惯"的组合方法，或者利用未来成功景象的方法来帮助孩子找到他们的梦想，这些方法都能激发孩子的内在潜力，促使他们为了梦想而主动采取行动。

二、培养孩子的自信

在培养自信方面，可以从父母的"肯定"和增加"成功体验"两方面入手：

首先，当孩子对某事产生兴趣并努力尝试时，一旦成功，他们将获得宝贵的经验和成就感。这种成功体验能够增强孩子的"自我效能感"，从而激励他们继续前进。相反，挫败的经历可能会留下心理阴影。因此，胜利的经历对于孩子来说是必不可少的，而且这种自信能够从一个领域迁移到其他领域。

其次，孩子在做事时偶然的成功并不会带来持久的强化效果。真正的强化来自父母的"肯定"。通过父母的肯定，孩子感受到被关注和被爱。每个人终其一生都在追求被认可、被接纳和被看见，因此父母的"肯定"至关重要，它让孩子感受到爱。

三、培养孩子的自尊

在培养孩子的自尊方面，对于那些道德感较强的孩子，保护他们脆弱的自尊心尤为重要。避免在公共场合斥责或批评他们，因为这可能会伤害他们的自尊心，使他们感到尴尬。相反，能够承受批评的孩子可能会变得麻木不仁。为了提高自尊，这里分享一个《蓝裙子》的故事：

有一个女孩平时不太注重外表，但当她穿上妈妈买给她的蓝裙子时，她突然意识到自己也可以拥有高贵的气质。为了与这条蓝裙子相配，她又买了一双漂亮的鞋子，整体气质得到了提升；为了配得上这身装扮，她开始整理自己的房间，甚至重新装饰和翻新；所有的改变都始于那条蓝裙子。为了配得上我们所珍视的"蓝裙子"，一个人可以从着装、周围环境、行为举止到内在修养进行一系列的提升。让我们帮助孩子找到他们心中的那条蓝裙子，让一切围绕它发生积极的变化。

与自律相关的另一个表现是，当孩子不能遵守约定或频繁违背承诺时，我们应如何应对？这类情况屡见不鲜：

一位13岁的男孩与父母约定每天玩游戏不超过两小时。然而，到了周末，他却连续两天沉迷于手机游戏，无法自拔。尽管妈妈多次劝说，手机依然难以收回，孩子甚至在夜晚偷偷使用手机至凌晨。结果，周一早晨他不得不拖着疲惫的身体乘坐校车上学，导致学习效率下降，视力也受到影响。父母因此感到非常苦恼，并寻求帮助。

另一个例子是一位初二的男孩，他同样沉迷于手机游戏，导致作息时间颠倒。尽管与爸爸约定了使用手机的时间限制，他却总是无法放下手机。爸爸一怒之下摔碎了手机，孩子心疼地试图将手机碎片拼凑起来，拼了半天也没拼好。现在孩子与父亲冷战已经持续三个多月了，因此来寻求帮助。

这两个案例都涉及管理手机使用的问题，一个与规则的制定有关，另一个则与界限和责任有关。

1. 规则制定

规则的制定时机应在孩子拿到手机之前，确保孩子能拿到手机，家长也能在必要时收回手机。规则的制定应让孩子参与其中，由他们提出解决方案，他们更愿意自觉遵守，这被称为"自我承诺"。避免使用诱导性的方法，比如一些家长会说："我从不问孩子是否做作业，我只问他是饭前做还是饭后做。"无论孩子如何回答，作业都是必须完成的。这种做法会让孩子感到被逼迫，不仅可能引起厌学情绪和对抗行为，还可能养成不良习惯。

2. 责任承担

孩子是否需要为自己的言行承担责任，这是衡量其人格成熟度的重要品质。人格尚未成熟的孩子可能会认为说话不算数是可以接受的，也不必为此承担责任。因此，在与孩子制定规则时，必须设立奖惩条件，只要条件合理，孩子就应当遵守。如果孩子无须为自己的选择承担责任，就可能被培养成一个依赖性强、推卸责任的"巨婴"。责任感的缺失是许多问题孩子的共同特征。需要强调的是，成年人与儿童的一个典型区别在于是否愿意承担责任，即是否具备民事或刑事独立行为能力。

言出必行，承担责任，在家庭中体现为责任感，在与外界合作时则体现为"信誉"。自古以来，我们强调"人无信不立"，一个人只有具备信用，才能赢得他人的信任，失去信任则意味着失去所有关系的支持。信用源于"仁、义、礼、智、信"的五常，其中仁是指对他人怀有同情心、慈悲心以及羞耻心；义是追求公平正义，持有敬重之心；礼涉及伦理纲常，明确长幼尊卑；智是辨识是非、明辨对错；信则是真诚不欺，只有这样，才能赢得他人的信任。

信用与人格发展紧密相关，它与人际关系的规范息息相关，也就是与价值观紧密相连。只有当信用内化为价值观和行为准则,它才会成为根深蒂固的品质,无须外在监督也能自觉遵守。因此,培养孩子形成正确的价值观和人生观,是人格成熟的终极目标。

综上所述,培养孩子的自律习惯,需要激发他们的内在动力和兴趣爱好;应将自主权和选择权交还给孩子;要增强孩子的自信,提升他们的自尊;同时,还要塑造孩子健康的人格,让他们学会承担责任,树立个人信誉。

第五节　韧性是挫折磨砺出来的

如果说脆皮孩子是过度保护出来的,那韧性孩子绝对是接受社会毒打磨砺出来的。孩子在面对挫折时表现出的脆弱性,通常体现在两个方面:一种是无法接受失败,找借口归咎于他人;另一种则是因失败而一蹶不振。

例如,当一个男孩在羽毛球比赛中失利,他可能会愤怒地摔球拍,指责队友犯规,甚至在队友试图解释时情绪失控,冲动地想要动手。另一个例子是,一个孩子原本对考试充满信心,但成绩公布后却远低于预期,他无法接受这样的失败,结果成绩持续下滑,对学习失去兴趣。

对于那些无法坦然接受失败并责怪他人的孩子,其心理根源可能包括:自尊心受损,感到丢脸,因此产生愤怒;将责任推卸给他人,以逃避自己的责任,通过指责他人来减轻自己的羞耻感。我曾看过一个视频,一个孩子在体育考试中因为怀疑老师故意"压分"而导致他的成绩没合格。视频中,他情绪失控,在考场中央肆意发泄,推翻了所有的栏杆。如果他的怀疑没有根据,那么他就是无法面对失败的孩子。

伯纳德·韦纳的归因理论指出,归因方式会影响后续的行为选择。如果将失败归因于自己不够努力,那么可能会激发更多的努力;而如果归因于外部因素或运气不佳,则可能只是发发牢骚,抱怨一下就过去了。显然,自我反省和内归因是推动我们进步的动力,而责怪他人只会让我们陷入无休止的抱怨中。

内心自卑的孩子往往更在乎面子，因此在面对错误时更容易感到羞愧，不愿意承认错误。这些孩子被困在脆弱的自我价值感中，总是将责任推给他人。这些行为的成因往往与父母的过度打压、否定或过于严苛的规则有关，同时父母在鼓励孩子勇于承认错误、承担责任方面做得不够。要提升这类孩子的内在力量，父母需要提供无条件的爱和接纳，多给予鼓励和肯定，并确保孩子有机会体验成功以增强自信；同时，要帮助孩子明确自己的界限和责任，鼓励他们勇于承担责任，自信的孩子不会回避这些挑战。

面对考试或比赛的失败便一蹶不振的孩子，往往是因为他们的生活过于顺遂。这既与父母习惯于扮演"直升机"或"割草机"式的角色有关，也与未能及时引导和纠正孩子对"只能赢不能输"的错误认知有关。所谓"直升机"式的父母，是指那些在孩子一遇到困难时就动用权力将孩子从困境中解救出来的父母；而"割草机"式的父母则是那些直接为孩子铲平所有问题的父母。这样的孩子缺少面对挫折和困难的机会，从而削弱了他们独立处理问题的能力。父母之所以如此溺爱孩子，是因为他们希望孩子能避开自己曾经走过的弯路，不再重蹈覆辙。因此，他们尽全力为孩子铺平人生道路。结果，当孩子真正遇到困难时往往无法应对，选择躺平摆烂。部分孩子之所以缺乏抗压力和复原力，与父母的这种过度保护不无关系。我自己也曾陷入"拯救"孩子的误区，我照顾弟弟 7 年，为他扫清一切障碍，甚至希望将自己的人脉关系也分他一半。直到有一天，他问我："你没感觉你像一只老母鸡吗?"我突然醒悟，从此让他自己去走自己的人生路。父母长辈不应过度介入孩子的生活，即使出于好意，也只能"扶上马送一程"。你可以指引方向，但路必须由孩子自己走。

我们常常错误地认为，只要足够强大或智慧，人生就可以一帆风顺。为了避免孩子受苦，我们尽可能让孩子只赢不输，使孩子误以为顺遂和风光的日子是生活的全部。一旦遇到挫折，结果可想而知。发现孩子有这样的想法时，应及时引导他们对成功与失败、输赢、对错有一个客观的认知。在孩子的成长过程中,他们肯定会遇到考试失败、升学失败、比赛失败,或是"友谊的小船说翻就翻"的情况。过度保护孩子,会使他们变得脆弱,就像温室里的植物,没有抵抗风雨的能力。英伟达的创始人黄仁勋认为,一个人的成功需要"韧性"。在这方面,他无法提供任何建议,但他建议要勇敢地接受社会的"毒打"。

当然,我并不赞同"没苦硬吃"式的挫折教育。只要在孩子不同的年龄段积极面对并处理该阶段的生活挑战就可以了。特别是在婴幼儿时期,不要刻意培养延迟满足的能力,而应给予孩子足够的爱和安全感。到了 6~12 岁的规则教养阶段,再进行适当的家规教育。7 岁后,让孩子面对真实的生活,不要让他们继续活在童话般的假象中。在幼年时期,要满足孩子对夸奖和赞美的需求,家庭中沟通夸奖和批评的比例最好保持在 5∶1。不要频繁地批评孩子,而应努力营造一个相对宽松的家庭氛围。在宽松的家庭氛围中,即使孩子偶尔犯错,也不会怀疑你对他的爱;如果家庭氛围一直是压抑的,那么一个眼神都可能成为压垮孩子的最后一根稻草。父母应根据孩子的年龄和同龄孩子的条件适当调整,既不能一概答应,也不能全部拒绝。

孩子对失败的难以接受可以从以下三个角度来分析。

首先,父母不允许孩子失败,这通常源于父母对孩子寄予的高期望,孩子只能赢不能输,必须坚持不懈地向前冲。这种情况下,孩子感到无助,担心无法达到父母的期望而遭到责骂或责备,或者害怕让父母失望而产生愧疚感。为了避免这种羞愧感,孩子可能会不情愿地做事,这可能导致身心疾病。解决方法是信念重塑,坚定地告诉自己:我妈妈允许我失败,我爸爸允许我失败,我允许自己失败,我有资格失败。

其次,孩子自身不接受失败。这既可能受到父母压力的影响,也可能是因为孩子不甘心面对失败的结果。不面对失败意味着"逃避"和"否认",都是在拒绝承认现实,避免感受到挫败和成为失败者的尴尬。这些防御机制会让人远离真相,长期下去可能导致各种神经症的出现,直到有一天孩子能够面对并接受失败,对抗才会消失,改变才会发生。拥有内在力量的孩子能够接受失败，而缺乏力量的孩子则会选择"否认"已经发生的现实。

最后，过去失败的阴影可能对孩子产生影响。因为曾经因失败而遭到嘲笑，周围人的轻视和言语实在太刺耳，孩子不想再次陷入尴尬的境地，因此会极力避免类似情况的发生。在这种情况下，孩子将所有精力都用于"避免失败"而非"追求成功"。在追求成功时，人的视野是开阔的，会积极寻找达成目标的方法；而在避免失败时，人的能量是内收的，是出于恐惧和紧张，为了保护自己的自尊，不敢创新，不敢挑战任何可能的目标，只关注可控的利益。这样做不仅错失了机会，还限制了自己。

过分关注失败的后果是不合理的，毕竟输赢本质上是一次体验和尝试，成功与失败的概率本就各占一半。为何你总期望自己赢，而别人总是输呢？这显然不合逻辑。我们需要调整对输赢概率的认知，并学会应对情绪。实际上，一个简单的"承认"就足够了。我承认我的技能不如人，我承认我做得不如别人好。结果并不像你想象的那么可怕，反而能赋予我们面对现实的勇气和改变的动力。处理情绪要从面对情绪开始，如果我们总是拒绝面对情绪，即使我们责骂他人，抱怨也像旋转木马一样，转再多圈也无法前进半步。有这样一个笑话：小时候，老师让我远离网吧，结果我错过了成为年薪50万的IT工程师的机会；现如今，父母和朋友让我远离短视频，我又错失了成为百万大网红的机会。但这并非别人的问题，而是因为你不够热爱、缺乏勇气，不愿意行动却还渴望结果的贪婪心态罢了。

第三章　家庭关系内耗

第一节　父母争输赢，别让孩子站队

在某些情况下，父母之间的冲突或整个家庭关系的紧张会将孩子卷入其中，孩子因此无法单纯地享受童年，导致他们无法集中精力学习，甚至出现身心问题。让我们先来看两个案例：

一位 16 岁的女孩，她的症状是焦虑、抑郁，整夜不睡也不感到困倦；对父亲有言语攻击；在课堂上会突然站在窗边自言自语，对心仪的男孩产生钟情妄想，表白后对方没给回应，她便认为对方是在故意引诱自己倒追他。

经过评估，孩子显示出精神分裂的前期症状，包括焦虑、抑郁、失眠，以及自恋倾向。她完全沉浸在自己的世界里，认为自己是天选之人，如此优秀和完美，以至于她坚信钟情的男孩一定是喜欢她的，只是在用一种策略让她追求他。

从这个案例中可以看出，孩子的精神分裂症状与父母的分裂关系有关，而孩子的自恋则源于妈妈过度保护和向孩子灌输自己的观点。孩子所接触的并非外部真实的世界，而是妈妈口中的世界，因此表现出一些与年龄不符的天真和不切实际的幻想。

在案例中，父母关系的分裂表现得非常明显。妈妈紧紧抱着孩子与父亲的整个家族对抗，尽可能地隔绝孩子与爸爸一家的联系，坚持认为孩子只属于她，只要她控制了孩子，其他人就必须向她低头。通过询问，我们发现妈妈没能从父亲那里获得她所期望的爱，于是将所有希望寄托在孩子身上，并且不时在孩子面前说爸爸的坏话。这导致孩子认为爸爸会伤害妈妈，但又感觉爸爸不是那样的人，孩子的认知和感受实际上是分裂的，从而造成了精神分裂。从另一个角度来看，孩子既来自妈妈也来自爸爸，内心深处与父母同样亲近。案例中发现，尽管孩子表面上与妈妈亲近，但在潜意识层面却更倾向于爸爸，这也可是能导致孩子精神分裂的原因。妈妈不让孩子接触真实的社会，削弱了孩子的社交能力和辨别真伪的能力，使孩子显得幼稚且以自我为中心，沉溺于一个虚假的自我形象。

与此类似，再来看看另一个案例：

一对父母因离婚官司纠缠了10年之久，仅仅为了4000元的抚养费争执不休。孩子原本学业表现优异，在当地的优质小学和中学就读。但由于父母连年不断的官司，双方在孩子面前互相指责，最终导致孩子精神崩溃并辍学。10年的争斗，最终有赢家吗？没有！反而毁了孩子的一生。只有放下孩子气的胜负观念，成熟的成年人才能经营好婚姻，避免将孩子牵扯其中。

热衷于争输赢的夫妻比比皆是，热衷于争权力的也不在少数，比如一位学习心理学多年的朋友，某天带着满脸笑容来问我：

朋友：文利，我女儿希望我和她爸爸离婚。

我：你赢了，不是吗？（我看了她一眼，停顿了几秒后回答）

朋友：你太直接了。（她的笑容瞬间消失，有些不悦地回应）

我：我知道你明白了，这就足够了。

她明白我在说什么。因为她让女儿站在自己这边，女儿在2∶1的投票中支持她，她因此感到胜利，所以才一脸开心地向我炫耀——不仅自己认为爱人不好，配不上她，连孩子也这么认为。孩子在不知不觉中被卷入了父母之间的战争。

这样的妈妈并不罕见，你常常能在短视频中看到，当老公晚上晚归时，妈妈便让女儿给爸爸打电话。孩子要么向爸爸撒娇，要么模仿妈妈的语气责备爸爸。妈妈可能觉得这样做自己占了上风，但表面上的胜利实际上将你们的夫妻关系转变为三角关系，孩子被卷入了你们之间的纷争，这不仅让他无法安心做孩子，也影响了他对于学习的专注度。

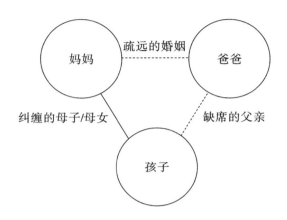

还有喜欢公开贬损对方的，有一位14岁男孩被爸妈带着来做咨询，问题是孩子因为焦虑而不能面对考试，也不能正常睡觉。我问她在孩子的成长经历中发生过什么特殊事件。妈妈上来就说爸爸的原生家庭有问题，几代人都很焦虑，脾气暴躁，还总对孩子发火。我问她怎么就断定是爸爸家族的问题。妈妈自信地回答："我学过心理学，所以知道。"其实她学心理学并没有学到家，父母相互拆台并没有赢了对方，而是输了各自在孩子心目中的威信。

再有，让孩子来做你俩判官的。比如，妈妈会问："你觉得你爸整天喝酒对吗？你爸总回家这么晚对吗？"让孩子站队跟你结成同盟，到底要说对还是不对呢？其实孩子根本没资格插嘴管父母的事情。如果孩子无意识地站出来评理，就跟一方结成同盟，还站在比父母高的位置上评判父母，孩子从此搅入了父母的关系，不自觉地要拯救父母或纠正父母，家庭序位就乱了。结果是孩子越帮越忙，不仅解决不了问题，还让自己陷入身心疾病状态。

当然也有少数爸爸会对对方充满怨恨、对孩子抱怨不停。

一位 15 岁的男孩，妈妈在孩子 3 岁时离开了。孩子近期有不想活的念头，前来寻求心理咨询帮助。在个案咨询中，了解到由于孩子奶奶患病不能时时照顾小时候的爸爸，这位爸爸也从没学会如何与女性相处。每当夫妻二人闹矛盾时，爸爸总希望爷爷奶奶来解决，甚至希望借助孩子去解决冲突。最终，妈妈因失望透顶而选择离开。孩子由爷爷奶奶抚养长大，爷爷去世后，孩子独自一人不得不开始住校。假期才有机会与爸爸短暂相聚，爸爸不仅跟孩子沟通简单直接没方法，还总对孩子说妈妈的坏话。孩子既愤怒又无助，感觉走投无路。经过个案咨询，让爸爸看到在那段婚姻里，自己无法照顾女性情绪带给对方的伤害，而不是只抱怨对方离开自己和孩子的过错，要主动承担起属于自己的责任；同时在孩子和大人之间立一堵隔离墙，父母的婚姻是大人的事情，自己只是个孩子，只需要好好学习走向自己的未来。个案结束，孩子跑出来送我，我问他最大的收获是什么，他说要承担责任。我那一刻感觉，这个孩子在精神上已经长大了。

其实，每个家庭原本都是一个等边三角形，分别站着爸爸、妈妈和孩子。等边三角形意味着爸爸和妈妈对孩子的爱同样多。然而爸爸、妈妈总会用巧妙的办法把孩子拉进来，于是等边三角形变成了不等边三角形。孩子要么靠近爸爸，要么靠近妈妈，并跟他们结成同盟，来对抗另外一方。通常妈妈会利用照顾孩子的便利，和孩子结为同盟，因为当女性的情绪得不到满足时会选择向孩子倾诉，尤其是性格比较要强的女性，会因为经济地位的改变而加重这种失衡。在这样的家庭里，爸爸赚钱能力不够，而妈妈则大概率会成为家庭中收入较高的一方。这经常会导致妈妈对爸爸产生轻视或排斥。这时候孩子会跑出来平衡关系，表面上孩子会依附于强势一方，而暗地里则更倾向于弱势一方，也就是他实际上更认同爸爸，从性格到外貌都特别像，这会让母亲感到仿佛命运在与她作对，不仅嫁给了一个这样的男人，还生了一个与爱人如此相似的孩子，使得生活变得难以忍受。

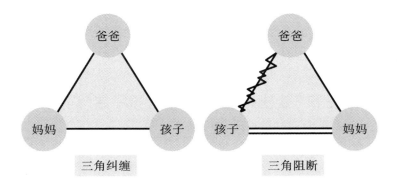

和谐的家庭需要处理好两个关系:一个是夫妻关系,另一个是亲子关系,但夫妻关系要优于亲子关系。

首先,在夫妻关系里,不需要争第一第二,两个人只是承担的家庭责任和功能不同,分工、做事风格完全不同的一对伙伴关系而已,任何一方压着另一方的关系都不会长久。通常父亲是力量的象征,男性代表着社会规则、理智和外部力量,因为他需要保护整个家庭;而母亲则是家庭情感的核心,负责维系家庭成员之间的联系。这种传统意义上的"男主外、女主内"的分工在当代社会有所变化,有些家庭中女性收入更高,成为家庭的经济支柱,而男性可能更多地承担家庭照顾者的角色。只要双方都感到舒适,大女主说了算也没什么不可以。

在夫妻关系里,无论东西方都强调爸爸要爱好妈妈,因为妈妈从爸爸那里获得足够的情绪价值,就有力量照顾好孩子和整个家庭,现在"丧偶式婚姻"的提法有时候不一定是指爸爸不在,而是指不能提供情绪价值等同于不在。

其次,夫妻关系要优于亲子关系。第一因为先有夫妻关系才有亲子关系,同时因为夫妻关系稳定才能给孩子提供足够平静的港湾环境,再有只有夫妻关系和睦,孩子才不要在父母之间艰难的做选择,最后让自己用生病的方式来给父母的婚姻做创可贴。如果夫妻双方都因为对对方失望,而把所有期望都放在孩子身上,过度关注孩子学习,或以工作作为逃避借口,就是不面对出现问题的夫妻关系，那么孩子可能会采取牺牲自己的方式来平衡家庭中失衡的关系。

第二节　走出共生关系，别让孩子做"妈宝"

父母与孩子之间的共生关系体现了一种特殊的依赖性，通常意味着双方过度紧密且互相依赖，以至于他们的行为和情感互相影响，难以独立存在。由于缺乏独立的人格，孩子往往会变成所谓的"妈宝"。

一位 16 岁的女孩，中考满分 650 分，她只能考到 200 分左右，这表明她的心思并没有放在学习上。她非常文静，说话声音细小，面对任何情况都显得手足无措，如同一个无助的小婴儿。

在个案中发现，孩子与妈妈是共生关系，妈妈紧紧地抱着孩子，而孩子则别过头，想努力挣脱妈妈的怀抱。家中的爸爸及家族被远远地排斥在外。询问后得知，孩子在生活中特别依赖妈妈，通过保持"孩子气"来满足妈妈的被依赖需求，而妈妈则在孩子身上寻找希望，寻求精神依赖。

这位母亲自幼有过被送养的经历，缺乏安全感，因此她向爱人"索爱"，但没能如愿，便将注意力转向孩子。孩子无法承担起支撑妈妈的角色，由于缺少与父系家族的联系，缺乏力量，只能像小孩子一样哭泣，无法做自己，也无心顾及学习。

妈妈无法与孩子分离，导致孩子成长为一个没有独立人格的"妈宝"，问题的关键在于各种关系的界限不明确。

对于未成年的"妈宝"，他们过度依赖母亲，做事犹豫不决，缺乏自己的主见，常常挂在嘴边的是"我妈说……"；他们认为自己是在为父母学习，写作业；他们可能在男女界限上模糊不清，不知道该对谁好，最终变成了对所有女性都好；他们可能对父母的钱缺乏清晰的认识，总是在金钱问题上感到困惑。

成年后的"妈宝"在找工作时需要母亲陪同,在相亲时需要母亲安排,他处理不好婆媳关系,母亲对他来说似乎无处不在。婆媳关系的处理不仅涉及两个系统——原生家庭和核心家庭系统,还涉及四个人的关系:两个系统是原生家庭和核心家庭系统,两个人结婚是从各自的原生家庭中走出来,重新组成了一个核心小家庭。从优先性上看,核心小家庭的利益应优于原生家庭,因此男性应优先维护妻子和孩子的利益。在不违背孝道伦理的前提下,知道如何聪明地孝顺是至关重要的。如果双方都是"妈宝",心都留在原生家庭,总是牺牲核心小家庭的利益,甚至双方父母都介入孩子的婚姻,就可能导致离婚。在四人关系中,表面上是婆媳不和,实际上是婆婆没有从公公那里得到她想要的爱,于是想从儿子身上得到,导致婆婆与儿媳妇争夺一个儿子的现象。媳妇可能会模仿婆婆的做法,这种婆媳关系方式就会代代相传。

与这个问题类似的是:"如果我和你妈同时掉进水里,你会先救谁?"许多男士坚定地回答:"先救我妈,女朋友可以再换,而我妈只有一个。"如果你拥有独立且成熟的人格,相信你会有不同的价值观排序,从而知道如何经营好一段婚姻。

孩子某些界限的缺失源于父母在这一领域的知识匮乏,而其他界限的破坏则是因为父母为了逃避他们之间的矛盾,而将孩子卷入其中。

家庭中的核心情绪构成了家庭氛围的主要基调。父母本应是一个二元关系,当他们关系和谐时,家庭氛围相对稳定;而当他们关系紧张、焦虑情绪升高时,他们可能会绕开彼此的问题,转而将孩子牵扯进来,形成跨代联合。在原本平衡的家庭三角关系中,如果妈妈与孩子过于亲近,或爸爸与孩子过于亲密,都可能导致孩子的焦虑感增加。这间接地将维护夫妻关系的责任转嫁给了孩子,使孩子承受了不应有的压力。尽管当前许多焦虑和抑郁患者的问题部分源于教育竞争的加剧,但也有相当一部分是由于家庭氛围紧张和父母对孩子学业的过度关注。

当然,也有孩子主动承担起责任的情况。例如,如果妈妈经常唠叨,要求爸爸多赚钱，而爸爸没有听进去，孩子却可能将这些话记在心里，并主动去满足妈妈的愿望。尽管这是孩子自愿的行为，但往往是出于对父母盲目的爱。有些女性案例中，孩子主动承担起家族荣耀的职责，牺牲了自己的生活，不结婚、不生子，只为了满足妈妈在家族中的追求。因为那是妈妈日思夜想的愿望，孩子即使撞得头破血流也要帮妈妈实现。无形中，孩子被卷入了父母的夫妻关系，角色错位，导致了母女之间的纠缠和父亲的缺席。这种不健康的夫妻关系，因为父亲被排挤，导致孩子出现焦虑、抑郁、游戏成瘾等身心问题，或在生活各方面遭遇失败。

如何打破这种共生关系呢？

首先，迈出第一步，释放孩子。夫妻双方和孩子都应意识到，应该让孩子自由地追求自己的兴趣。接下来，夫妻双方应直面问题，修复亲密关系。在这一过程中，应将注意力集中在彼此身上，避免将孩子作为借口或话题。不要期望伴侣成为完美的父母或心理咨询师，能够承接你所有的情绪。正如海灵格所言，如果你遇到一个喜欢教育你的伴侣，应尽快远离，因为这可能是他从父母那里学来的。同时，不要责怪父母，他们已经尽其所能地给予你当下的一切。无论过去发生了什么，现在是时候为自己负责了，你的幸福需要你的努力和成长。当然，某些亲密关系的修复可能需要你先回到原生家庭，解决与父母之间的问题。接纳父母、原生家庭，接受父母给予的生命，拥抱内在的自我，这些都是提升内在力量的有效方式。

正如吉利根博士所言："大自然是极其耐心的，你所拒绝疗愈的创伤都会传递给你的孩子。"因为许多模式会在代际遗传，因此在心理学课堂上，许多父母咬牙面对过去的创伤，希望将所有的不幸终结在自己这里，让下一代开启一个良好的循环。

第三节　让孩子做回自己

在家庭中,若父母角色出现缺失、错位或关系紧张,孩子往往不得不承担起不属于他们的角色,例如家庭中的"小大人""小病人""熊孩子"。

一位16岁的男孩,自小学习成绩平平,对学习缺乏兴趣。父母认为孩子缺乏学习动力,因此寻求咨询帮助。通过这个案例,我们发现孩子的妈妈超级贪玩,因此在家庭关系维护及情感纽带的角色上出现了缺位。结果,孩子不得不"补位"妈妈的角色,照顾弟弟、关心爸爸,还要照顾祖父母。孩子的眼神总是关注着家庭成员,却唯独没有关注自己。换言之,他成了家中的"小大人",无法专注于自己的学习。

此外,孩子最近变得脾气暴躁,除了青春期的影响外,还因为对妈妈的不满。原本应由妈妈承担的责任,现在孩子不得不承担,这导致了他对妈妈的愤怒。只有当妈妈回归自己的角色,承担起应有的责任时,孩子才能真正得到解脱。

孩子在家中扮演"小大人"的角色,过度承担家庭责任,可能会导致以下三个后果。

一是无法专心学习,因为他的注意力全都放在了家庭事务上,无法全身心地投入学习。

二是出现"子女伴侣化"现象。孩子可能会变得像伴侣一样照顾妈妈的情绪,这本应是爸爸的责任。这也是人们批评单亲家庭的原因之一,因为很多妈妈会不自觉地向孩子寻求情感支持,而那些内心强大的妈妈则能够独立抚养孩子,不受影响。

三是孩子过度承担责任。一些孩子可能会出现背痛、肩痛,体型变得肥胖,这是因为他们承担了过多不属于自己的责任。

解放孩子的途径在于父母回归自己的角色,承担起应有的责任,并与孩子保持清晰的界限。养家糊口、照顾自己的情绪是父母的责任；为孩子提供一个充满支持和鼓励的成长环境，培养孩子健全的人格，教育他们成为独立的个体，也是父母的责任。而学习和发展独立人格，则是孩子自己的责任。

以下是一个典型的案例，展示了母亲角色的缺失导致孩子在家庭中过早承担成人角色，以及孩子通过生病来维系父母关系：

一位9岁的男孩，频繁发烧以至于无法上学，但通过医学检查并未发现任何器质性疾病。在个案咨询中我们发现，每当父母争吵后陷入冷战，孩子就会生病。父母看到孩子生病，便会暂时放下争执，共同关心孩子。一旦孩子康复并返回学校，父母的争吵又会重新开始，孩子再次生病。如此循环往复，孩子成了家庭中的"小病人"，他的身体状况真实地反映了家庭中压抑的情绪，孩子也通过生病来充当父母关系的"创可贴"。

还有些孩子长期得不到父母的关注，尽管他们努力表现得很乖巧，却仍被忽视。于是，他们选择成为"熊孩子"，通过各种捣乱行为来吸引父母的注意，哪怕这意味着频繁被学校请家长。他们通过自我破坏或自我牺牲的方式，试图获得父母的关爱。这些孩子实在令人同情。

孩子出现问题，往往是家庭关系出现问题的外在表现：

首先，当夫妻关系出现问题时，双方可能会忽视对方，甚至利用孩子作为争吵的借口。孩子为了表达对父母的爱，可能会过度承担家庭角色或通过生病来"买单"。海灵格曾指出，这是"爱入歧途"，也是孩子"盲目的爱"。父母应主动改善夫妻关系，避免让孩子过度担忧，也不要让孩子成为牺牲品。只有夫妻和睦，家庭氛围才会健康，孩子才会感到安全。

其次，当亲子关系出现问题时，如果父母忙于工作而忽视孩子，孩子可能会通过各种行为来吸引父母的注意。父母应该将注意力放在自己身上，做好自己应做的事情，不要给孩子过多的压力，也不要被外界诱惑所吸引，让孩子感到被忽视和冷落。否则，孩子除了向父母要钱外，似乎没有其他需要父母的地方，亲情的纽带就会断裂。在孩子眼中，父母提供的物质条件并不是爱，而给予理解、尊重、陪伴和选择权，将孩子视为平等的个体才是真正的爱。父母需要关注这些方面,同时也不应盲目放纵孩子,必须教会孩子必要的社会化规则。

最后,教育的缺失,特别是家庭教育和健康独立人格培养的缺失。家庭是孩子学习社会规则和塑造内在人格品质的重要场所,父母不能因为工作忙碌就忽视这一点,尤其是在培养孩子正确的价值观和基本行为准则方面。

寻求咨询帮助的家长往往认为孩子存在问题,期望老师能够"修理"孩子。然而,如果这种认知仅限于孩子身上,而忽视了家庭关系中可能存在的问题,以及自身需要调整的方面,那么单纯希望通过改变孩子来达成目的,是无法取得任何成效的。这正是单纯的家庭教育指导无效的根本原因:既没有进行个案诊断和治疗,又期望仅通过改变孩子来解决问题,这是不可能实现的。

为什么在家庭教育中总是期望父母做出改变呢?心理成长遵循两个原则:一是"谁痛苦,谁改变",二是"谁有能力,谁改变"。第一句很好理解,痛苦提供了改变的意愿和动力,因为人无法改变他人,只能改变自己。那么,为什么是"谁有能力谁改变",而不是"谁错了谁改变"呢?许多父母会问:"明明是孩子的问题,为什么我要改变呢?"

我的回答是:你改变,并不是因为你做错了什么,而是因为你更爱这个家,有更大的责任,你拥有更大的能力。在家庭中,能力较强的一方有责任去倾听能力较弱一方的心声,而能力较弱的一方也要学会表达自己的真实想法,以避免被控制。在任何关系中,一旦出现不平衡或不稳定,问题就会随之而来。

许多父母因为执着于区分对错而束缚了自己。在与爱人和孩子的沟通中,但凡能够倾听并接受对方的意见,都不会导致孩子出现问题。爱人和孩子都是你的镜子,你如何对待他们,他们就会如何回应你。

"一个人不会改变自己,除非他感受到被爱",你可以通过爱来影响他人,而不是通过教育批评或"修理"的方式来强迫他人改变。特别是刚开始学习心理学的人往往会有这种倾向,他们学习心理学不是为了改善关系,而是感觉自己有了"专业子弹"来攻击别人，挑剔他人的毛病，这不仅情商低，而且本末倒置了。我曾听一位研究生导师分享他的亲身经历，他因为学习心理学，总是用精神分析的观点去分析他人，甚至在与爱人交流时也总是试图教导她。直到有一天，他的爱人忍无可忍地对他说："你不教人，会死吗？"他才意识到自己总是用一种居高临下的态度去教育妻子，这种态度会让别人感到非常不舒服。

第四节　父母少卖惨，让孩子走出匮乏感

匮乏感是指内心持续存在的一种"缺"的状态，由于这种缺失感，人们会寻求补偿，从而产生诸多代偿行为，例如报复性消费等。这种缺失感伴随着恐惧心理，人们因恐惧而过度努力，向外抓取，总是感到担忧和害怕，使自己处于紧张而无法放松的状态，或总是感到世界末日即将来临。匮乏感在许多方面都有所体现，如缺爱、缺资格感、缺金钱、缺自由、缺选择权等。在物质方面，匮乏感往往导致囤积物品或报复性消费的习惯。

一位年轻人，小时候非常喜欢一双小白鞋，但母亲拒绝购买。长大后，她有了收入，便购买了几十双小白鞋，尽管实际上只需要一双。这是一种报复性的消费行为。还有人一旦看到打折商品，就会疯狂囤积，即便这些物品根本用不到；或陷入无法自控的购物狂热中，甚至使用信用卡套现购买各种物品，负债累累，陷入购物成瘾的状态。

缺爱的孩子可能会陷入一种情绪的深渊，无法自拔，甚至形成依赖。

一位大学刚毕业的女孩，因为消费较多，母亲生气地对她说："如果不是我们收入高，你这样花钱早就把家败光了。"女孩感到极度委屈，甚至不想活下去。表面上看，这是由于母亲和女儿之间因消费问题引起的冲突，但孩子之所以如此痛苦，背后有更深层的原因。

在咨询中发现，由于父母工作的原因，女孩从小就不能公开承认是他们

的孩子,多年来只能称呼父母为叔叔、阿姨。这是孩子第一次经历被遗弃的创伤。现在,女孩已经毕业,父母希望她能通过学习和参加公务员考试找到一份体面的工作。由于她全职备考无法赚钱,又因消费过多而受到责备,女孩感到崩溃。从整个情况来看,女孩似乎是一个多余的人,从出生起就不被父母接纳。父母期望的孩子是有高学历和好工作的孩子,这样他们才有面子。而孩子为了测试父母是否爱自己,通过不断向父母索要金钱来试探他们的爱的极限,最终得出父母不爱自己的结论。因此,她通过为同学花费更多金钱来经营外部关系,试图感受到被喜欢和接纳。

这个孩子表面上的矛盾看似源于花钱无度,实则根植于情感缺失,在家庭中缺乏归属感。在一个只能生育一个孩子的公务员家庭中,她感到自己没有一席之地,无法称呼父母为"爸妈",不能随父母姓氏,甚至不能以父母女儿的身份公开露面。在家中,唯一能被光明正大介绍的只有弟弟。她仿佛被遗弃,内心深处充满了不安全感。父母在多个方面对她不予接纳,她与父母的联系似乎只剩下索要金钱这一件事。

在这种情况下,如果有个男孩向她表达爱意,她可能会毫不犹豫地投入其中。许多容易陷入不良恋情的女孩子都有一个共同点——内心深处渴望爱。一个温暖的人告诉她会爱她一生,哪怕只是微不足道的关怀或简单的体贴,都足以让一个女孩子心动,因为她们太渴望被爱了。因此,过分沉溺于恋爱、对爱情极度渴望,实际上都是情感缺失的表现。

为了避免女孩子变得过于依赖爱情,我们应该"富养"女儿,给予她们充足的安全感,拓宽她们的视野,培养她们成熟独立的人格。她们应该学会选择那些本身就很优秀的人,而不是仅仅对自己好的人。人品、性格、远见和情绪稳定性比外貌更为重要。不要沉浸在"小公主"的幻想中,否则正常的男性无法满足你的需求,而只有骗子和动机不良的追求者才会做到。

精神上的匮乏感往往源自缺选择权和自由。这种感觉通常与父母的高度不安全感有关,他们因担心孩子遭遇不幸而实施严格的管控。控制手段多种多样:唠叨、道德绑架、制定过多的家规、以断绝关系相威胁,甚至通过自我生病来强迫孩子服从。面对父母的控制，孩子通常有两种反应：一种是屈服于控制，忍受压抑的环境，通过生病（如抑郁症、哮喘、咽炎、支气管疾病等）来表达抗争；另一种则是竭尽全力与父母抗争，坚持逆反，誓要赢得一次胜利。之前提到的男孩与老师发生冲突，坚持要求老师道歉，就是因为在家中总是处于劣势，这次终于找到机会要赢得一次胜利。如果孩子始终都没能赢得胜利，这种对抗可能会延续到成年。

一位35岁的女性，职业选择迷茫，找不到方向，寻求个案咨询。在咨询中发现，她一直在努力与父亲对抗，父亲反对的她特别想做，而一旦父亲不再反对，她就失去了兴趣。因为她一直陷入对抗之中，从未找到自己的热爱，也不清楚自己真正想要什么。

从青春期开始，培养孩子的内驱力至关重要，其关键在于赋予孩子充分的自主权，让他们自行安排学习、时间、生活节奏和规律，因为每个人都渴望过上"自己说了算"的生活。

有些时候，父母也会陷入匮乏状态，他们特别喜欢在孩子面前诉说自己的不幸。

一位17岁的高二学生，决定辍学去打工赚钱。他的妈妈因为无法阻止孩子而前来寻求咨询。在了解情况后发现，每当孩子向爸妈要零花钱时，妈妈总是会说："你能不能省着点花？你没看到我们每天早出晚归赚钱有多辛苦吗？你一点也不体谅父母。"每次提及要钱，孩子都会感到屈辱、内疚和自责，因此他决定不再上学，要自己外出打工，哪怕收入微薄也不愿再给父母添负担。他打算和之前辍学的朋友一起去广东打工，随后便离家出走。这时，妈妈开始感到恐慌。

父母有时会无意中将生活的艰辛以抱怨的方式传达给孩子，孩子不想成为父母的负担，也不想欠下这份人情，于是拒绝接受父母的一切，包括爱、关心，甚至生命。因此，现在许多孩子选择拒绝恋爱、拒绝结婚、拒绝生育。表面上看，这是因为他们不堪生活的重负，但内心深处，他们不想再体验那种自责和内疚，不想再给父母添麻烦。这种心态也无形中影响了他们与财富的关系，因为一提到钱，他们就会感到愤怒、内疚和自责，而这样的心态是难以吸引财富的。

父母频繁地指责和埋怨子女，会让孩子感到被压制和贬低，导致他们缺乏自信，失去面对挑战的力量，最终被彻底击垮。这样的孩子内心同样充满苦楚，他们不知道如何将苦涩转化为甜蜜，反而让自己的言辞也变得苦涩，不断指责和抱怨他人，这种沟通方式代代相传。

当父母总是提及自己过去的辛酸和苦楚，这实际上是一种"表功"和"邀功"的行为，反映出父母内心缺乏力量，渴望得到认可。实际上，即使不主动邀功，大家也能看到你的付出；一旦你开始邀功，所有的努力都会因为刻意为之反被忽视。如果爱人和孩子能够理解并及时给予表扬和认可，问题可能就会迎刃而解，但遗憾的是，大多数情况下，爱人和孩子都接不住话，反而感觉自己被人指责或攻击了，结局是吵得不欢而散。

一个人如果物质上匮乏，但内心充实，他会觉得自己能够创造一切；相反，如果一个人内心一无所有，即所谓的"心穷"，那么他就是一个彻头彻尾的穷人。对匮乏感的恐惧会驱使他们努力抗争，但如果被这种感觉淹没，他们可能会选择放弃，彻底躺平。一个内心总是感到匮乏的人，是没有力量和资源支持自己去行动的。改变这种状态，可以采用以下几种方法。

一是父母放弃向孩子诉苦，不再树立坏榜样，以免让这种匮乏感以及匮乏的沟通方式代代遗传下去。

二是当父母财力有限，不能提供孩子想要的物质条件时，不单纯告诉孩子"没钱"，可以用其他方法找到替代品。比如，灯笼可以是买的，也可以是自己动手制作的；不买生日蛋糕，鸡蛋面也是热乎乎的生日祝福；等等。用心做的任何一件礼物都是值得被珍惜的，满满的仪式感会成为孩子人生路上温暖的回忆。

三是提升资格感。改变精神匮乏状态，首先要提升资格感，自我暗示"我是值得被爱的，父母亲友都喜欢我"；其次是父母尽量给予孩子时间自由、自主选择权等，让孩子自主安排自己的生活。如果自由度有限，也要学会爱自己，接纳不是事事都可以如愿，放下以自我为中心的执念；接纳自己不是完美的，不必凡事做到无可挑剔；接纳自己也有不开心的情绪，不用活成别人眼中完美的模样，只要活出真实的自己，就是内在自足丰盛的模样了。

第五节　五感培养是情绪稳定的基石

你是否留意到，现今许多学霸已经摆脱了过去"书呆子"的刻板形象，他们不仅学业成绩优异，还培养了诸多才艺，成为名副其实的"别人家的孩子"。这些学霸究竟做对了什么呢？答案是不内耗。他们不会把时间精力都耗在跟父母对抗、在意别人评价，或与老师或同学的关系中，而是将全部精力集中在有意义的事情上，无论是学习功课还是发展业余爱好，都不在话下。

相反，成绩不好的孩子往往不是输在智力上，而是输在人格不健全上。自信不足、玻璃心的孩子过于在意他人评价，容易情绪崩溃，不是耗自己，就是跟父母耗，这导致他们无法专心学习。

情绪内耗为何对孩子的影响如此之大？从大脑发育的角度来看，人脑由三部分组成：爬虫脑、情绪脑和理智脑。当孩子情绪上头时，很可能会被情绪脑打败。所以，要本着"先处理心情，再处理事情"的原则，必须先处理诸如挫败、无助、绝望等负面情绪。为了让孩子远离情绪内耗，保持情绪稳定，我们需要培养他们的五感，包括安全感、归属感、存在感、成就感和荣耀感。

一、安全感

孩子最初的安全感源于家庭氛围和父母情绪的稳定性。如果父母经常争吵，或者家中气氛紧张，孩子就会感到持续的不安。让我们来看一个案例：

一位初二的女生，在父母争吵时感到无助，除了哭泣，她不知道自己能做些什么。尤其是当母亲发火时，她会害怕得颤抖。因此，她在家中总是小心翼翼，面对这样的父母，她感到极度痛苦，甚至产生了轻生的念头，因为她觉得没有人爱她。

　　这个孩子长期处于恐惧之中。在催眠过程中，她描述自己面对天空中一片巨大的云，云上是母亲那张正在严厉批评她的大嘴，而她自己则像樱桃小丸子一样站在云下，被乌云笼罩，感受到的是惊吓、僵硬和压抑，连大气都不敢出。通过咨询，我们引导她回忆生命中的高光时刻作为力量的源泉，最终她自己用顽皮的能量地跑出母亲的影响圈，长长地舒了一口气，有逃出魔掌的感觉。通过这次咨询，她也找到了自己内在的力量。

　　经过咨询，我们发现妈妈之所以难以给予孩子爱，与她自己的童年经历有关。妈妈小时候因为用香皂洗衣服而被姥姥责骂，她对这种严苛的管束感到痛苦，无法面对又无法逃避，感受不到被爱。在孩子眼中，缺乏爱意味着缺乏理解与选择权，这被称为缺爱；同时，母亲的自我价值感和配得感也很低，总觉得自己不值得拥有美好事物。由于从小未被宠爱，母亲形成了刚强的性格，遇到问题时缺乏力量，便以发火来应对。不幸的是，这位妈妈生了一个情绪敏感的女儿，而妈妈自身情绪感知力较差，常常沉浸在自己的世界里，当女儿感到受伤时，妈妈却浑然不觉。因为妈妈也未曾从自己的妈妈那里得到过爱，所以她也无法给予女儿自己没有感知过的东西。

　　这种母爱的断层模式，在她们母女之间重新上演。女孩每次给家里打电话，都要做心理准备才有勇气面对母亲，因为她永远不知道妈妈何时会发火，总是在指责自己这也不对那也不对。因此，女孩总想逃离母亲，虽然感激她养育了自己，但就是无法亲近她，一提起母亲就想要躲避，感到浑身不自在，更不用说和母亲一起睡觉，那简直是噩梦。

　　这些情绪感受深藏在孩子的身体里。要增强孩子的力量，可以从三个方面着手：首先，父母应给予孩子无条件的爱和接纳，多给予孩子鼓励和肯定，减少批评和否定，让孩子多体验成功；其次，父母应避免争吵，营造一个相对宽松、快乐和尊重的家庭氛围，这样孩子会更有安全感；最后，外部威胁，如邻里欺凌或校园霸凌，也会让孩子感到不安全，因此需要父母做好保护工作，确保孩子相对安全。

安全感是从恐惧和焦虑中解脱出来的一种信心、安全和自由的感觉。这种感觉的培养始于幼儿时期与妈妈建立的依恋关系，有焦虑型、安全型、回避型和混合型等不同模式。这些模式不仅影响孩子的安全感，还会对未来的亲密关系产生影响。

不安全感是所有神经症的共同人格基础。例如，焦虑症是对未来未发生事情的担忧。当不安全感出现而找不到具体的焦虑对象时，就可能发展成焦虑症。当不安全感表现在人际关系中的紧张、逃避和恐惧时，就可能形成社交焦虑或社交恐惧症。当我们对自己的健康状况极度担忧时，可能会表现为疑病症。再者，当我们感到极度不安全，便会试图通过各种方法控制，但控制失败后，可能会加剧控制，从而演变为很多无效的控制导致的强迫症。当控制失败并感到绝望时，就可能表现为恶劣的心境。

缺乏安全感的人会感到孤独、被遗忘、被抛弃，对他人产生不信任、嫉妒、傲慢、仇恨、敌视、悲观等倾向，或者是强迫性的内省、病态性的自责、自我过敏等，这些都是不安全感导致的。

缺乏安全感的妈妈倾向于控制孩子，因为她们总是担心不好的事情发生。对孩子的过度控制会导致孩子的反抗，面对失控的孩子和自己失控的情绪，妈妈通常会陷入加重控制的恶性循环，感到自己在孤军奋战，得不到任何人的帮助。此时，妈妈需要面对的是自己崩溃的情绪，而不是孩子多玩了一会儿手机。然而，母亲们往往只关注孩子整夜玩手机这一问题，希望在这方面压倒孩子，而没有注意到他们之间关系的问题。手机只是引发冲突的替罪羊而已。

想要增加安全感，可以通过以下方式。

一是父母与孩子建立安全的依恋关系，可以在孩子18个月内，跟孩子同吃同睡，一起玩耍，可以亲亲贴贴举高高，这样孩子的安全感会比较高。如果错过了这个阶段，可以做前文提到的"与妈妈连接"的冥想来弥补这部分缺失。

二是父母少吵架，让家成为名副其实的港湾，给孩子归属感的同时，提供避风港和充电补给，让孩子具备远航的能力。

三是父母多给予孩子鼓励和肯定，只有通过肯定才会形成自信，让孩子有力量不惧怕外界的困难和挑战。

二、归属感

归属感是指个体对隶属于某个系统的资格感，即被该系统接纳的条件。若个体符合资格，则不会存在问题；若不符合，则可能会感受到资格感的缺失。

例如，在家族中，亲生孩子与领养孩子之间的区别往往基于血缘关系，亲生孩子通常享有更高的资格感。在学校，正式录取的学生与高价生的区别则以考试成绩为标准。在职场，正式员工与临时工的区别则在于是否拥有正式编制。这些身份差异会影响一个人的资格感，进而影响其自尊和自我价值感，缺乏这些感受可能导致自卑和感觉自己低人一等。

如果一个孩子在家中不受欢迎，甚至遭到排挤，他不仅会缺乏资格感，还可能变得胆小、不自信，缺乏勇敢做自己的力量。那么，什么情况会让孩子感到不受欢迎、不被接纳呢？

第一，如果父母不能无条件地爱和接纳孩子，而是对孩子有所要求，比如学习不好就不喜欢，不听话就不爱，这并非无条件的爱和接纳。真正的无条件爱意味着孩子无须做任何事情就能得到父母的爱，无须改变自己就能得到父母的爱。这种爱会赋予孩子力量，使他们自信地面对每一件事。

第二，由于重男轻女的观念，将女孩送出去养，这相当于将孩子从家族系统中排除。送养孩子的家族成员可能会因此做出牺牲，而收养孩子的家族也会受到影响。被送养的孩子因为成为领养的孩子，其资格感也会相应降低。

隶属于某个系统的资格感会在该系统内形成集体潜意识，这种意识会凝聚力量或产生排外效应。例如，在一个男性众多的家族中，生一个女孩可能成为全家族的期盼，这个女孩将成为全家族宠爱的对象；相反，在一个女性众多且重男轻女的家庭中，女孩可能会成为被排挤的对象，这可能导致其身份创伤。

归属感不仅让孩子拥有资格感，还会增强他们的责任心和使命感。因为他们是爸妈的孩子，是家族的一分子，对家族是有责任的，他们会想要分担家务、分担父母的疾病、分担家庭的经济困难，想要光宗耀祖、对得起父母的付出。

增加归属感，需要给孩子一个身份和一个位置，确保他不被排挤。一个人的安全感和资格感来源于归属感，隶属于一个群体让我有安全感，同样因为隶属于这个群体内让我有群体内活动说话的资格感，而这一切都来自身份被认可。

三、存在感

存在感是指个体在情感、社会等多个层面上感受到的被看见、被理解、被尊重和被需要的程度。它并不取决于个人的行为、言语或发出的信号，而在于他人对我们的反馈。高质量的反馈能够激励我们，增强我们的价值感；相反，低质量的反馈则可能削弱我们的存在感。

我们被关注、被重视、被需要的程度，反映了我们在社交圈中的地位和影响力。每个人在其一生中都渴望被看见、被理解、被认同。如果我们的存在感得到满足，我们就不会过分担忧被忽视，从而避免产生愤怒或恼怒等负面情绪。

一位16岁的女孩，在家中排行老三，自幼未受到父母的足够关注。一次偶然的机会，她把桌子擦得非常干净，得到了父亲的夸奖。这让她开始为了获得父亲的关注而努力，每次都会把桌子擦得锃亮，生怕被忽视，渴望得到更多的认可。

青春期的孩子特别渴望被关注，当他们努力学习却未能引起父母的注意时，可能会在学校制造麻烦或要求家长到学校来引起父母的关注。有些孩子在班级里会经常"接嘴溜子"，即使因此受到批评，只要能被全班同学看见，他们就会感到满足。

一位14岁的女孩，通过自残割腕来寻求帮助。个案显示，尽管她的父母对她很好，但因奶奶特别宠爱她的弟弟，使女孩感到被忽视，因此采取了割腕的方式，希望引起奶奶的注意，因为在她看来，奶奶对弟弟的偏爱是不公平的。当孩子的存在感需求未得到满足时，他们可能会采取极端的行为来寻求关注。

增加孩子的存在感，要及时回应他的需求，让他感觉自己能被看见、被理解、被懂得，尤其对于7岁以下的孩子，他们的基本需求不复杂，父母应尽可能地通过夸奖、赞美、肯定等正向化行为满足孩子。

四、成就感

成就感是个人自我价值感的重要来源，成就感是"我做到了什么"，像流星般短暂而耀眼，通常是一个外部评价标准。而价值感是"我成为谁"，如恒星般持久照亮内心，通常是因自我认同或对社会有积极影响而产生的满足感。成就感推动进步，而价值感赋予方向。

任何能让孩子尝到甜头、产生成就感的行为都会激励孩子继续去做，并且力求做得更好，只是有很多不幸运的孩子在学习中找不到这种成就感，转而会在其他方面寻求这种认同。

比如那位15岁的女孩，自幼学习成绩不好，每当与同学发生争执，老师总是偏袒成绩好的学生，这让她感到不公平，却又无可奈何，谁让自己成绩不好呢。然而，她意外地结识了一位成绩优秀的男同学，这激发了她的斗志，终于找她到了一件能让她有成就感还能压倒同学的事情。于是，她把所有的心思都放在怎么追求男孩上了。

再比如，实际上，游戏巧妙地运用了"正强化"这一心理学机制。我曾经从一位游戏开发师那里得知，游戏设计的逻辑就是"一个简单任务+升级打怪通关的游戏规则+即时奖励+一个意外惊喜"，就可以把孩子牢牢地拴在游戏里。首先，门槛够低，人们容易接受；其次，有"通关"功能，你会在其中找到满满的成就感，感觉自己"很厉害"，这是一种正向催眠，让你感觉自己无所不能，打了一关还想打下一关；再次，有即时奖励，好处立竿见影，当下的快乐是最重要的，一直通关一直爽，还有各种武器奖励，为什么不持续玩下去呢？最后，还有一个意外惊喜，这个意外惊喜的威力连大人都招架不住。举两个最令大众耳熟能详的例子：一个是抢红包，一个是拆盲盒。当年拼手气红包刚推出时，大众抢红包的热情几乎可以盖过"春晚"的吸引力。拆盲盒也是同样的逻辑，就是你不知道你是否会成为那个幸运的人。为了成为那个"手气最佳"的人，你会调动"抢"的能量，迅速抢红包，即使有时候抢到的金额还不如你的流量费高，你也乐此不疲。因为在你看来，你抢到的是"幸运"，是"最好"的那份祝福，这对你而言，已经充满了足够的情绪价值。

要想增加孩子的成就感，就要摆脱用成绩来衡量的规则，因为有些孩子动手能力很强或情商超级高，而考试不比这些，比的是识记知识、逻辑推理能力等，孩子在这里就永远找不到成就感，越是不擅长学不会越没成就感就越坚持不下去，就形成了恶性循环，加上畏难情绪，孩子再也难进入原有学习轨道了。

五、荣耀感

心理学家曾以小白鼠为对象进行实验：在一个房间中央放置电网，实验第一次，电网对面放置食物和水，电网把小白鼠和食物隔开，每过去一次就要经历一次电击，小白鼠为了得到水和食物，会冒着被电击的风险跑过去；第二次实验对面放了雌性小白鼠，它同样愿意忍受电击跑到对面去；第三次当对面放置小白鼠幼崽时，尽管不是自己的崽子，小白鼠也愿意经受电击跑到对面去救那些小白鼠幼崽。你知道对面放什么小白鼠愿意接受电击的次数最多吗？妈妈最容易回答这个问题，对，是对面放置小崽子的时候，它们愿意冒着被电击的风险达到58次之多，之所以没有更多是因为实验停止了。这是小白鼠母亲的身份角色给予她的力量。

人类同样有这种身份感给予的力量，就是家族荣耀感，中国人历来崇尚出人头地、衣锦还乡、光宗耀祖，这些价值观深植于我们的文化基因之中。对家族的认同感来自归属感，使命感同样来自归属感。所以，激励孩子，只要给孩子归属感就够了，内在使命感的力量是巨大的，尤其是光宗耀祖的使命感会像内在爆发的小宇宙一样创造奇迹。

虽然有些孩子，在用比较极端的方式荣耀家族，但当你知道真相后依然会泪目。

一位28岁的女性，为了满足母亲的愿望，努力赚钱，希望在家族中获得认可，让母亲能够自豪地抬起头。她不谈恋爱，不社交，只是一味地工作赚钱。在一次课程活动中，当她表达"我是爸爸和妈妈的女儿，我想让你们为我感到骄傲"时，她泪流满面。她一直渴望自己能像男孩子一样光宗耀祖，这是母亲的愿望，整天在家念叨，父亲没有听进去，却被她听进去了，于是她牺牲自己来实现母亲的愿望，这是孩子对家族爱的体现。

以上分享的方法都可以提升孩子的五感，如果有创伤点则需要通过心理咨询个案来处理。其中会用到原生家庭的一些理论观点，但这里需要说明一下：看到原生家庭的模式绝不是为了简单地指责或抱怨父母，也不是为自己今天活得不好找借口。针对童年创伤点的个案处理，也是通过发现人格停滞在哪个年龄阶段、被什么事情所困扰，只有知道"来时路"，才能知道哪里是"归途"。学习心理学是为了改善人际关系，而不是为了寻找替罪羊，也不是随意攻击别人。否则，你将无法实现真正的成长。

第六节　隔代教育的边界在哪里

　　夫妻间在育儿观念上的分歧可能导致孩子利用这些差异，而祖父母与父母在教育方法上的不一致则可能引发家庭矛盾。

　　一位13岁的男孩，对学习失去兴趣并渴望出国留学，沉迷于手机游戏，若不满足其要求便会辱骂妈妈甚至动手。经过咨询发现，妈妈对孩子学习要求严格，而祖父母则认为孩子无须承受太多学习压力，导致家庭内部出现了一种互相矛盾的教育环境。祖父母甚至承诺将名下房产过户给孩子，使孩子认为即使未来不接受高等教育也能生活无忧，从而找到了逃避学习的借口，选择放弃努力。

　　在教育孩子的问题上，如果一方设立规则而另一方破坏规则，孩子就会利用这种不一致性，朝着对自己有利的方向发展。祖父母对孙辈的溺爱是人之常情，可能会更加纵容孩子。只要孩子从小到大接受的是一致的教育理念，通常不会有问题。但当孩子在祖父母和父母之间转换，且两代人的教育观念不一致时，孩子就会感到困惑，甚至利用祖父母的溺爱来对抗父母的管教，从而产生许多矛盾。

　　那么，如何划分两代人在养育和教育上的责任界限呢？

　　从个人观点来看，祖父母在照顾孩子日常生活方面有更多的时间，可以更好地照顾孩子的饮食起居。但在教育和人格培养方面，更多依赖父母会更为理想。

　　在教育孩子时，首先需要明确教育的目的。教育的目标无疑是培养出具有独立人格、心理成熟和情绪稳定的人，使他们有能力应对未来的工作、婚姻关系和人际关系。因此，一方面要教育孩子如何做人，另一方面要教育他们如何做事。在做人方面，父母应承担更多的教育责任；而在学习知识和技能方面，学校则扮演更重要的角色。

一个人要想拥有成功的人生，必须同时掌握"外部游戏"和"内部游戏"两个方面。外部游戏的规则和技能由学校教育来完成，而内部游戏则需要家庭来培养。通常，那些在内部游戏上表现优秀的人，学习外部游戏规则也会相对容易。然而，仅掌握外部游戏规则的人，一旦内部游戏的支持崩溃，其外部游戏的成功也将是短暂的。许多高分低能、无法面对挫折和自我情绪管理能力差的人，往往无法走到最后。因此，个人之间的顶级竞争变成了人格的竞争。父母的家庭教育在孩子人格培养方面显得至关重要，这对我们当前只注重刷题和内卷式教育提出了重大挑战。特别是在中学阶段，孩子正处于形成世界观、人生观和价值观的关键时期。如果在这个阶段缺乏正确的引导，孩子可能会成为一个没有梦想、没有人生目标的人，没有自己想要守护或爱的人，整个人生变得没有目标、没有价值感、没有意义。再加上沉迷于网络游戏，孩子可能会变成一个空心人，缺乏爱的动力和能力，无法应对挫折，也无法管理自己的情绪。焦虑、抑郁和浮躁占据了孩子的生活，使其身心都陷入了恶性循环。

在当前的教育体系中，孩子较为缺乏的是两个关键能力：人际沟通和情绪管理。人们普遍认同的是，个人未来的成就仅有20%取决于智商，而高达80%则依赖于情商。然而，在孩子们长达19年的学习过程中，大部分时间被用于刷题和完成试卷，实际上人与人之间的智商差异是微小的，真正能够决定成功的80%的因素，包括内在动力、坚韧不拔、果敢等个性特质，以及沟通和情绪管理能力，却往往被父母忽视。这真是一个令人遗憾的现象。

我希望通过分享这些孩子的案例，引起家长对孩子人格发展和品德教育的高度重视。父母不应仅仅将孩子送入学校就不再关心，这种做法是对孩子的不负责任，也是在偷懒。今天你所忽视的，将来孩子可能需要用自己人生的弯路来弥补。

第二篇

降低内耗,轻松赚钱

穷可能是一种心理疾病,金钱是个人自我功能充分运作后得到的东西。

——曾奇峰

第四章　情绪感受如何影响金钱

　　精神分析领域的资深专家曾奇峰曾说:"穷可能是一种心理疾病,金钱是个人自我功能充分运作后得到的东西。"也就是说,当一个人在人格层面上压抑了自我功能时,直接导致的结果便是贫穷。

　　然而,许多疗愈圈的人士持有不同看法,他们认为贫穷可能卡在"与父母的关系问题、限制性信念以及对钱的坏情绪感受"上。因此,疗愈情绪才是解决问题的关键。

　　结合以上,曾老师的观点是,赚钱其实是从内在人格到外在功能的外化过程,是理性认知与感性感受结合的双系统在起作用;虽然疗愈圈的观点侧重于清理内在感性系统的情绪感受一点也不妨碍,赚钱是双系统、双法则在共同起作用的客观真相:理性与感性系统,与之相对应的是人为法则和灵性法则。人为法则通过大脑认知运作,比如制订经营计划、财务计划等,按照一定的步骤来赚钱;灵性法则通过身心的情绪感受来运作,通过初心信念提供方向、情绪能量提供动力、构建关系联通一切实现金钱自由。本书介绍的内容主要是感性系统部分,跟情绪、感受、关系相关的法则。

第一节　认知和情绪是如何影响赚钱的

　　我们常说:你赚不到自己认知以外的钱。因为一个人的认知决定他的行为,而行为决定最终结果。类似的一句话:小心你的思想,它会变成你的语言;小心你的语言,它会变成你的行动;小心你的行动,它会变成你的习惯；小心你的习惯，它会变成你的性格；小心你的性格，它会变成你的命运。虽然，精神分析的观点认为潜意识才最终决定命运，但思想认知决定一个人的行为是确定无疑的。

一、穷人与富人的思维差别

穷人与富人思维的差别不恰恰就是认知上的差别吗？穷人认为"没有麦子不能开磨坊"，看到的尽是"无"，尽是限制；而富人则认为"没有麦子也能开磨坊"，看到的全是"无中生有"，全是创造的机会。这就是为什么认知会影响一个人的信念和价值观，而价值观又决定了你会做什么和不会做什么，也就是符合你价值观、被你认可的事情，你会不遗余力地推进，反之则会遭到拒绝。所以，"相信相信的力量"绝不是一句鸡汤，因为信念可以为一个人提供力量，如果你想得到一件东西，只有相信它存在，才会努力把它创造出来，这就是"心理预言的自我实现"，方法是通过形象生动的画面指引自己创造出在你脑中已经存在的东西。用吸引力法则来解释：当你有一个念头、想法或信念的时候，你就成为一块磁铁，而以念头为中心构建了一个磁场，然后向外界发射信号，将你渴望的事物具像化，包括声音、画面，越生动越好，你会吸引跟念头同频的事物到你身边来；同时，去感受获得美好事物时的情景，用这种"好感觉"为你的目标注入能量，最终达到"心想事成"。但如果你不相信自己能够获得某样东西，通常与自我价值感低有关。如果你经常遭受打击和否定，认为自己不配得到美好的事物，那么你可能会在得到它之前制造各种意外，让即将到手的机会溜走，因为你内心深处认为自己不配拥有。

检测一下你是穷人思维还是富人思维：

给你100元让你生活7天，你会如何花掉这100元？

一种是每天节衣缩食地度过这一周，把开支降到最低，保证100元够用；另一种是用这100元当本金购进一些小玩意摆个地摊，把这100元变成1000元。这两种截然不同的做法就是穷人和富人的差别，如果一个人只能看到当下有的，而看不到可以利用当下资源创造更大的财富，就是穷人思维的局限点。

类似的信念和思维方式还有很多，比如穷人大多会想：

· 赚钱总是辛苦的。

· 我们家族从未出过富人，所以我也不可能成为富人。

· 富人都是心狠手辣的资本家。

· 有钱会使人变坏。

而富人则会想：

· 我天生就是富贵命，我可以赚更多的钱。

· 我感觉那块地就是我的，我只要找到合适的人和资金就可以搞定。

· 我做自己喜欢的事也可以有不错的收入。

· 我赚钱可以比父母更轻松。

其实人跟人之间最大的差距就是认知的差距，因为每个人都活在自己的世界里，这个世界是每个人"内心所创造的世界"。因此，对这世界的认知决定了你能看到什么，能创造什么。

二、培养正确的金钱观

要想赚钱，就必须对金钱有正确的认知。

1. 钱是商品交换的媒介

钱是不同劳动价值之间的对价，起初来源于物物交换，每个商品中都凝结着他人的劳动，商品之间的交换本质就是交换劳动。比如，我种植蔬菜，你生产食盐，里面有你我各自的劳动，我用蔬菜跟你换食盐，就是用我们的劳动进行交换。

2. 钱来自关系

因为钱是在人与人之间流通的，我需要从粮店里购买粮食，菜店购买蔬菜，服装店购买服装，我跟这些供应商产生链接都是因为买方和卖方的各自需求来建立关系的。

3. 赚钱遵循等价交换原则

只有物美价廉的商品才有竞争力,大家越是争相购买,生意越好,赚的钱才越多。同时,只有愿意用钱去交换才是尊重他人的劳动。尊重知识、尊重人才都是对尊重金钱的延伸,只有愿意为此付费才是真正尊重金钱的表现。

用"认知—行为—结果"模型看,对金钱的认知会决定你的接下来的行动,行动决定了你赚钱的能力和结果。所以,赚钱是从认知开始,用行动落地,最终才会带来结果的改变。

三、情绪如何影响你赚钱

情绪是如何影响你赚钱的呢? 不妨做个小小的自测。

假如现在你面前有两个人:一个总是笑眯眯的,和蔼可亲,另一个总是黑着脸,一副生人勿近的高冷样子,你愿意靠近谁? 答案不言而喻,大家都愿意靠近那个和蔼和亲的。如果把这个"你"换成了钱呢? 如果把两个人的情绪能量抽取出来你会发现,钱愿意靠近的是开心的、喜悦的,有亲和力的能量,不愿意靠近的是充满怨气、高冷有距离感的能量。所以"好感觉"和"好品质"会吸引金钱到你身边来。

然而一提到钱你的真实感受是什么呢?

有人说:一提到钱就会感到很愤怒。因为小时候每次向爸妈要钱,都会被数落一通,爸妈从没痛快地给过一次钱,所以一提到钱就很气愤。

也有人说:一提到钱就会感到羞愧。学生时代家里经济拮据需要借钱上学,低头向人借钱的经历终生难忘,太羞耻了。长大了就拼命赚钱,发誓绝不向人低头借钱。

还有人说:一提到钱就会选择回避。小时候因为家里穷,要不断向邻居家借钱才能维持日常的生活,这种长期借钱的日子总感觉自己低人一等。

长大后拼命赚钱，绝不让自己再陷入频频借钱的境地。

如果你进一步问：提及妈妈，你有什么感受？

她的回答：总想避开她，因为妈妈会不停诉苦，我也不知道她什么时候会突然对我发脾气。

实际上，她对金钱的态度与妈妈的关系如出一辙，都是在回避——既躲避妈妈，也躲避金钱，结果金钱似乎也在躲避她，她总是难以赚到足够的钱。

这些情绪的体验都跟童年的生活经历有关，跟父母的关系也折射在跟金钱的关系模式当中。

所以想要改善跟金钱的关系，先从改变与金钱的感受开始。假如金钱问你：你真的爱我吗，为什么？你可以直接回答，也可以给金钱写一封热情洋溢的情书。

亲爱的钱宝宝，你好呀！

当你今天问我："你真的爱我吗？你确定你是真的爱我吗？"扪心自问，一直以来我只是需要你，却从未爱过你。许久以来，我将很多的焦虑、恐惧、愤怒、悲伤、羞愧统统传递给了你，而你又将这些一一回赠给我，我竟然忘记了这是我自己种下的因。原来都是我一直没有尊重你，还抱怨你、指责你，又恐惧、焦虑、害怕失去你，我从未好好地欣赏你、感激你。我一直在拒绝你、推开你，是我让你不敢、不想也不能离我太近，今天我终于看到了真相。

曾经，你带给我那么多的美好体验，你带我登顶人生巅峰，也带给我无限的荣耀。我竟然忘了对你表达感谢、感激与感恩！幸运的是，我今天把你找回来了，余生，我只想和你轻松自如地相处，我给你微笑，你回以喜悦；我给你拥抱，你给我双臂；我尊重你，你信任我；我欣赏你，你悦纳我；我爱你，用我的赤诚、真挚、热烈；你爱我，用你的喜悦、温暖、关爱，我真的感受到了从你的心底流淌出来的爱，我被你包围，除了爱，还是爱；除了喜悦，还是喜悦。原来爱和喜悦一直在，原来你就是那爱和喜悦，原来，因着你的爱，我也成为爱！谢谢你，从现在起，你将一直是我的好友，朋友。我爱你，深深爱,无比爱!

通过这封情书,你是否对金钱有了全新的感受?对金钱不仅要爱,还要深爱。你只有保持爱与喜悦的心态,才能吸引金钱的到来。

四、通过断舍离,摆脱坏情绪

如果当下被坏情绪困扰,可以及时做清理。断舍离就是一种不错的生活方式,无论是居住场所还是心灵空间,都要定期清理,保持整洁有序。

1. 断妄念

断绝那些不切实际的妄念,放下那些不能掌控的人、事、物,就会变得轻松自在。贪念越多、想要的越多,越容易被自己的欲望困住;得失心越重,越容易陷入焦虑担忧之中,整日忧心忡忡,生活一点也不自在、优雅了。

2. 舍物欲

舍弃身边不需要的物品,不仅能在物理空间上腾出更多空间,为新的能量进入创造条件,而且留下的都是自己钟爱之物,愉悦的心情也有助于吸引财富。定期将不用的物品转赠他人,让它们重新参与再循环,这本身就是一种大爱。

3. 离关系

远离那些容易让我们精神内耗、纠结拉扯的关系,尤其是那些一边利用你又一边轻视你的塑料姐妹花般的关系;还有那些因执念而过分在乎的关系,让自己整天战战兢兢维护的关系都应该远离,好让自己能做自己。不必过分在乎他人的评价,将注意力转回到自己身上,可以让你"精神内守,恬淡虚无",简单生活也很美好。

觉察练习:
你的财富状况是被哪些认知信念或坏情绪阻碍的?

第二节　恐惧会形成对金钱的执念

弗洛伊德说过，人做事只有趋利和避害两个动机。现在你可以拿出纸和笔做一个简单的小测试：你赚钱是源于爱还是源于恐惧？

如果你的回答是：因为我喜欢赚钱啊，我想给自己买辆车，给父母每个月 1000 元生活费。那你赚钱的动力是因为喜欢且有自己的目标。而如果你的回答是：怕没钱，怕露宿街头，怕老了看不起病，等等。那么你的赚钱动力就是被恐惧所驱使的。

接下来，你可以感受一下爱的能量和恐惧的能量的区别。

爱的能量是安全的、放松的、开心喜悦的。因为热爱主动选择的，它是充满活力和创造力的，更乐于冒险探索和寻求新的机会。相反，恐惧的能量是不安的、紧张压抑的、向内收的一种能量，因为不喜欢而被动不得不做、对抗、害怕受到惩罚、害怕失去而显得畏首畏尾，目光只聚焦于如何保持现状不敢冒一丝一毫风险。通过两种能量的对比你就明白，为什么说"谋事"要找有钱人，而"干事"要找没钱的人——因为有钱人成功过，拥有足够的安全感谋事会高瞻远瞩一些；而"干事"则要找那些对金钱有渴望的人，他们有足够的动力去努力奋斗。

爱的力量是强大的，但我们需要区分真爱与假爱。能量是不会欺骗人的。曾经有一位女士来找我进行个人咨询，她希望通过写作来赚钱，但一直未能实现目标，也因此感到很困惑。她对所有人都说，她从小就非常喜欢写作，但问题是每次写作的过程都异常痛苦，需要长时间酝酿主题，而且迟迟无法动笔。她不仅不享受写作，反而感觉像是被掏空了一样。

在对话中她当被问及是出于爱还是出于恐惧写作时，她认为自己是出于爱在做这件事，这确实是她内心渴望的事。然而，深入探讨后我发现，她想成为一名作家的真实动机是为了赢得他人的尊重，为了赚钱和体面，而不是真正热爱写作本身。换句话说,她写作的初衷是为了换取金钱和尊重,而不是出于对写作的热爱。到底是真正的热爱还是虚假的热爱,结果是不会陪你演戏的。即使你每天声称自己热爱写作,也无法欺骗自己,更无法获得预期的成果。

一、赚不到钱的恐惧

对赚不到钱的恐惧无处不在,以下看看你中了几条。

1. 因为怕穷,拼命工作让自己变成了"工作狂"

有人说:"因为工作给了我安全感,工作才能保障我的生活;或者通过不懈努力才能维持我现有的地位和消费水平,担心失去这一切,使我无法停下来。"

2. 害怕失去在乎的关系,基于"应该"或"责任"去做事

有人说:"我喜欢时装设计,但妈妈希望我从事白领工作,为了满足妈妈的期望,我选择了人力资源行业,我既不享受也不喜欢,感觉像是被绑架,但为了不让妈妈失望,我只能咬牙坚持下去,结果导致了持续的牙痛,任何药物都无济于事。"这是我们强迫自己去做自己不喜欢的事时,身体提出的抗议。

3. 害怕失去既得利益

与领导之间相互利用又相互轻视,每天的虚伪和做戏实在令人痛苦,因为害怕失去工作,我忍受着上班,结果导致了腰酸背痛。

4. 怕不被爱,就形成讨好模式

比如说:如果我能为爸妈挣来满墙的奖状,如果能给父母挣来很多钱,或者足够听话的话,爸妈一定会喜欢我。再比如,如果我能满足领导的很多要求和期待,领导一定会喜欢我,或如果我能定期请同事吃喝,他们一定喜欢我。有这种想法一方面有感觉对方高自己低的味道;另一方面是我不值得拥有更好的,也不配得到爱,为了追求被爱放低身段,形成了讨好他人的模式。

5.为了不再重复向别人低头的痛苦，极力回避类似经历的出现

比如小时候家里穷，需要向人借钱，总感觉低人一等，长大再也不想找人借钱了。在学校里不敢吃同学请客的雪糕，因为自己没有机会请回来，长大后不敢频繁去聚会社交，担心自己需要还这笔人情债，形成了高敏感、自尊心很强的性格，他们经常鼓励自己，"别低头，皇冠会掉；别流泪，坏人会笑"。这是自身没有力量的体现，其实一个内在有力量的人是可以低头的，这反而是一种勇气的象征。于是恐惧没钱会形成一种对金钱的执念，"我绝对不能再穷了，再也不想面对曾经糟糕的经历了"，就会形成一股"强撑"着的能量，外强中干的女强人就属于这一类，还有那些过于"端着"和"装"的人也是因为内在没有力量才要一个面具硬撑着的。

6.还有一种恐惧来自家族的集体潜意识

一位事业有成的女性客户，赚钱能力出众，但遗憾的是，她的钱总是来得快去得也快难以留住。在咨询过程中，我们发现她的家族历史中有人因赚很多钱而遭不测，这在她的家族中形成了一种集体潜意识：有钱是危险的，钱多了是会没命的，只有放弃那么多钱才能保全生命。在咨询现场引导她说：生命比金钱更重要。让她看到生命宝贵的真相，这也是突破全家人的恐惧，通过这句话帮她看见内心的恐惧并与之和解，终于学会留住金钱了。

二、恐惧如何成为执念

为什么恐惧会成为一种执念呢？因为"避害"的动力远远大于"趋利"的动力，恐惧会让人穿上厚厚的盔甲或戴上面具，启动一个人的防御模式。要想了解一个人，就从了解他害怕什么开始，因为"痛苦提供能量，恐惧决定边界"。

1.过度反应

恐惧会激发自我保护机制，导致过度反应，当用力过猛时，动作容易变形，失误的可能性随之增加。恐惧还会引发焦虑，导致身体和思维的僵

化,缺乏灵活性。因为恐惧,人们无法发挥应有的水平,导致比赛失利、考试失败的情况屡见不鲜。

2.草率行动

恐惧会驱使你拼命抓住一根救命稻草,甚至连诱惑和机会都没分辨清就草率行动了,结果只能是以失败告终。

一位38岁的女性客户,因经营企业负债而破产。在咨询中发现,她非常渴望赚钱,每当看到机会就迫不及待地扑上去,完全忽视了周围的潜在风险。这种模式的根源在于对爸爸的忠诚。她爸爸一辈子头脑灵活,想干一番跟别人不一样的事业,在周围人都选择上班的情况下他想通过做生意赚钱,妈妈总是会说他不脚踏实地,邻居们也不看好,于是他就想拼命证明自己,因为忽略了风险而让自己陷入被动。

咨询后,她学会了区分机会与诱惑。诱惑通常看起来没有风险,光鲜亮丽,而且对方非常主动;而真正的机会对双方都有利,需要双方相对平等的付出。如果所有风险都由对方承担,那么这很可能不是一个机会而是一个陷阱。

3.固守忙碌

恐惧会使你执着于"折腾"和"忙碌",使你相信忙碌是有价值的,忙碌可以带来你想要的结果,忙碌也证明了你的努力。于是,你不断折腾,不敢让自己休息,因为你在努力赚钱啊。有时候越折腾越可能在错误的道路上越走越远。

4.难以突破恐惧边界

恐惧决定边界。有一部经典电影《海上钢琴师》,影片中的小男孩是个弃婴,自幼在豪华游轮上长大,平时以弹钢琴为生。当游轮靠岸时,小矮人朋友试图带他上岸,但他对岸上的一切都感到陌生甚至是恐惧的,最终,他宁可选择与船共沉,也不愿上岸开始新的生活。对他而言,离开这艘船才是最令他恐惧的事情,就连岸上的生存机会在他看来都是危险的,他的恐惧最终将他困死在了船上。

三、处理情绪的四个步骤

要想处理"恐惧"情绪，这里有四个步骤分享给大家。

1. 觉察情绪

首先要识别情绪的根源是什么，或是有什么未被满足的需求在背后作祟。比如，一个人赚不到钱，可能是因为潜意识里认为如果自己富有了就背叛了经济条件不好的父母，因此不允许自己变得富有。

2. 清理和释放情绪

情绪记忆通常储存在大脑和身体中，大脑可能会选择遗忘或回避不愉快的经历，但身体中积压的情绪仍在，时间久了会发展成身心疾病，因此需要通过适当的运动、舞蹈、瑜伽、绘画等多种方式来释放，让身体重回健康状态。

3. 接纳情绪

"你所抗拒的，恰恰是你需要面对的。"你越是抗拒某些事物，它们就越会放大，直到你能够克服它们。要改变这种对抗状态，有三个关键因素：感恩、接纳、臣服。

(1)感恩，转化的是因怨恨而产生的对抗力量。怨恨通常源于"你没有给我应得的东西"的想法，而感恩则是"我得到了本不该属于我的东西"的想法，这是一对能量相反的力量。如果你认为自己没有得到应得的，就会感到自己的权利被侵犯，可能会去争去抢甚至采用掠夺的方式，从而产生对对方的怨恨。这种利益冲突往往源于你内心深处对利益归属的认定。

相反，如果你认为自己得到了本不该得到的东西，你就会充满感恩。这是一种充满感激的力量、一种柔软的力量，它能够激发对方对你的好感。

1)感恩可以感受到父母的支持。在与父母的关系中，如果我们认为父母已经给予了我们最好的，我们就会对父母充满感激，而不是怨恨他们没有让我们上大学，没有给我们一个无忧无虑的生活。因为感恩能够让你从父母那里获得爱的支持。如果你比父母还强大,他们的爱自然也就无法流向你,因为这违背了"水往低处流"的原则。许多感到孤独无助、内心缺乏力量的人,是因为没有得到父母爱的支持。

2)感恩是财富的倍增器。比如,在经营与客户的关系这件事上,如果我很感激客户选择了我而不是别人,我会更加用心地把客户服务好。客户感受到了我的用心,不仅会爽快的付账还会复购或推荐他人来购买我的产品,于是我仅仅通过服务好一个客户就转介绍来了更多客户,不仅不用额外支出获客成本,还因为口碑效应扩大了产品销售额。因此,这种感恩的能量就成为了财富的倍增器,因为感恩的能量可以扩展到无限大,造福的人越多财富自然也越大。

(2)接纳,改变的是因排斥而产生的对抗力量。不接纳表现为不允许、不承认,是排斥、是对抗。这是一对同时存在且力量相当的力量。因此,你对恐惧的恐惧有多深,恐惧的力量就有多强大,强大到足以吞噬你。

分享一个佩玛·丘卓的故事,一位著名的修行者。她在《当生命陷落时》中写道:从来没有人告诉我们不要逃避恐惧,也很少有人告诉我们应该接近恐惧,在恐惧中熟悉它。有一次,我向千野古文禅师请教如何克制恐惧,他说:"我承认,我承认。"但是别人给我的建议都是化解、安抚、吃药、消遣——总之要摆脱它。她的这段论述揭示了面对恐惧情绪的两种常见做法,不幸的是,大多数人选择了忽视或对抗而不是承认它。情绪本是我们自身的一部分,正确的处理方式应该是"承认"而非"逃避","共处"而非"去除","接纳"而非"对抗"。当我们这样做时,情绪自然就消失了。

与情绪共处类似于暴露疗法,将自己置于恐惧的环境中,直至达到极限,往往能够穿越恐惧。佩马·丘卓在其著作中也分享了一个类似的案例:一位20世纪60年代前往印度修行的僧人,曾向他的上师表达愿望,希望改掉自己的贪嗔痴、懒惰、恐惧、好色等一堆毛病,但他最想改掉的是恐惧。上师告诉他"不要太用力",他误以为上师将传授新的修行方法,也没多在意就下山打坐去了。在打坐过程中,他听到了声响,睁眼一看,一条眼镜蛇就在他面前嘶嘶作响。当时屋内只有他、眼镜蛇、一盏油灯，以及那满屋子的恐怖气息。他紧盯着眼前的眼镜蛇，紧张到不敢动弹，甚至不敢呼吸，就这样一直困在这个恐惧情绪里直到筋疲力尽。随后，他站起来向眼镜蛇鞠了一躬，然后躺下就睡着了。当他醒来时，天已亮，灯已灭，眼镜蛇也不见了，恐惧也随之消失。你看，面对恐惧的最好方式是接纳、和解，而不是对抗。

从另一个角度来看，抗拒某事物往往意味着失去。因为抗拒会导致远离、排斥接近，从而也就失去了尝试和体验新机会。就好像你认为使用TikTok存在很大风险，那么你可能会错失通过这款软件开发海外客户、拓展海外市场的机会。

（3）臣服，改变的是"自以为是"产生的对抗力量。一个"自以为是"的人，往往内心膨胀，高估个人能力，缺乏对自然法则的敬畏之心，缺少谦逊，从而忽视了他人的帮助。他们过分强调个人英雄主义，很容易陷入自大与傲慢的泥潭。臣服于一种更高的力量，是为了学会谦卑，看见自己的渺小。"水低为海，人低为王"，正所谓，成熟的麦子会低头，只有空空的秕谷才会昂首向天。做人，就像这麦子一样，境界越高，就越会谦逊低调，成就自然就越高，越被人高看一眼。

4. 放下情绪

通过前面的觉察、释放、接纳的三个步骤，就放下了对抗的力量。同时，放下也意味着不再执着于改变任何事物，不再抱有执着之心，不因为喜欢而患得患失、心生恐惧，继续掉入情绪的陷阱。

觉察练习：

你对金钱有恐惧吗？它是如何影响你的？

第三节　有钱会让你开心,还是开心会让你有钱?

有钱会让你开心,还是开心会让你有钱? 请稍加思考,给出你的答案。

我猜想大多数人的想法是"有钱会让我开心,因为有钱让我有安全感",这是在头脑层面思考问题,然而真相是开心才会让你有钱,因为只有开心喜悦、平静放松的能量才会吸引同频的金钱。

这不难理解,就像人跟人之间的关系,什么样的能量吸引别人主动到你身边? 是开心、有亲和力、爱笑的时候别人愿意到你身边来,还是黑着脸的时候别人愿意到你身边来呢? 答案肯定是开心快乐的时候,别人才更愿意靠近你的嘛。金钱也一样,你把钱当作有灵性的人看待就可以了,因为钱是通过人来进行交换,钱流其实就是人心的流动。

开心是免费的,不开心反而是最贵的! 这个观点源自我在 20 年前看到的一个故事。

一位老先生对他的邻居老太太说:"你为什么总是不开心,难道你不知道开心是免费的,不开心反而是最贵的吗?"老太太诧异地看着老先生,他继续解释:"你看,比如我今天很开心,我做什么事情都吹着口哨,事情通常会一顺百顺;因为开心,我以礼相待每一个人,他们也以礼相待我,说不定别人的举手之劳可以帮助我解决很多事情。可如果我不开心,有可能上班会遇到堵车迟到耽误了重要会议,被领导叫进办公室批评,刚买的早餐还撒了,我把不开心撒在同事身上,他当场给我急眼,回到家我没好气地吵了孩子,孩子不高兴去踢了猫,猫又抓脏了我的文件。我这一天都是不开心的,而且这些不顺还给我带来了经济损失,被罚了款,需要花钱重新买早餐,重新打印文件。你看,不开心是不是最贵的?"老太太点头认同他的观点。我也被说服了,这么多年都对这个观点坚信不疑,这不就是"一顺百顺"和"祸不单行"的真实写照吗?

那是不是只要开心，就能财源滚滚？当然不是，前面提到过赚钱是要遵循双系统双规则的，既要有理性脑的经营计划，又要有情绪脑的动力能量，但为何情绪反而更容易困住人呢？因为潜意识的力量更为强大，用三体脑理论来解释就更容易理解了。我们的脑干中既有情绪脑，还有理智脑，但从整体效率方面，情绪脑远超理智脑，所以当你情绪上头的时候就知道谁会占上风了。如果将这三个脑比作公司的员工，那么本能脑就好比是一位资深员工，他遵循现实原则，但缺乏进取心；情绪脑则像是一位充满活力的年轻人，遵循快乐原则；而理智脑则可以看作是一位资历尚浅的领导，尽管拥有决策权，但能力并不如其他两位员工强大，因此在能量上，它要管理这两个员工确实有些困难。

这解释了我们常常为情绪所困的原因。你肯定有过这样的体验：越是焦虑、越是急于求成，反而越难以赚到钱，这种无力感实际上源于我们内心对金钱的恐惧和贪婪。观察当代社会，你会发现一个奇特的现象：许多人热衷于参加各种身心灵课程，将追求内心的平静和放松视为人生的终极目标。实际上，只要我们摆脱恐惧和贪欲的束缚，这些目标都是可以轻松实现的，根本不用折腾一圈仅仅是为了追求内心的平静和放松这个简单的目标。

觉察练习：

你有过不开心且花费最贵的经历吗？

第四节　资格感差的人为什么没钱

资格感是隶属于某个系统的资格，资格感来自归属感，而归属感可以让人产生安全感，资格感的建立需要同时被赋予一定的身份和地位才成立。比如在一家企业中，当你被赋予副总身份和权力以及配备副总办公室时，你才能以副总的身份顺利开展工作。如果同事们都喜欢并愿意配合你，你作为副总的工作将会得心应手;反之,如果你遭到同事们的排挤,那么度过试用期都可能成为难题。

一、归属感对人的影响

归属感对人的影响主要体现在两个方面。

1.归属感会影响一个人的资格感和自我价值感

资格感来自归属感,比如我是这家公司的正式员工就比试用期员工资格感更高一些,是用实力证明我是有资格并完全胜任这份工作的,谁来质疑我我是不认的。同时我在这家公司被喜欢和接纳的程度决定我在这里的工作是否得心应手,以及工作的是否开心。相反,如果你因为利益冲突在这里遭到排挤,你将不得不离开,归属于这家公司的资格感自然消失。

一个人越是被某个组织或系统喜欢和接纳,其自我价值感就越高,也越自信,因为被喜欢、被认可本身就是一种无形的奖励。自我价值感依赖于内在的值得感和配得感,如果我感觉这个系统很大而我自己很渺小配不上这个系统,值得感配得感就让我"自惭形秽",即使我在一个组织或系统内,我也不配拥有好东西,"普女"嫁入"豪门"就是一个典型的例子。

一位女领导一直都很努力却总是赚不到钱。在咨询个案中发现她的一个模式:她一边拼命赚钱、很努力地攀附别人,一边又感觉她不配拥有金钱;生活也是同样的模式:小时候家里穷,长大拼命赚钱,更想通过婚姻嫁入豪门可以改换命运,于是委身于一段并不被尊重的亲密关系里苦苦挣扎多年也没有结果。看起来她一直都很努力,实际内心的不值得感和不配得感让她感觉这一切都好像偷来的,既想要又不真实,每次在重要关头,一切的筹谋都泡汤了,这一切都缘于她内在不配拥有好东西的信念。

"心胜则兴,心弱则衰",当一个人内在坚定笃信成功的时候就已经成功了,相反,当你一边争取又一边怀疑的时候,结局一定是失败的。

2.归属感深刻影响一个人的使命感和责任感

因为归属感赋予了一个人身份,随之而来的便是这个系统赋予的使命感,这会激发一个人内在的潜力。在前文提到的小白鼠实验中,雌鼠因为被赋予了妈妈的身份可以忍受被电击的次数达到58次之多,母爱的使命感驱使它们去奋力拯救幼崽。归属感的核心在于"身份"的支撑。一旦赋予了身份并得到认同,人们便会不顾一切地去履行与身份相符的职责。无论是作为母亲还是企业股东,这种身份认同都会激励人们不知疲倦地做好分内之事,无需外界的督促或激励,这便是使命感的强大感召力,也会延伸出责任感。

同样,如果你认同自己是"富人"的身份,你会思考富人应该如何生活?为了过上富人的日子,要用什么方法采取什么行动来达成目标?因此,富人思维着重于未来、目标实现和问题解决;而穷人则更多地关注公平性,将自己视为受害者,容易陷入抱怨的泥潭,而不会为改变现状付出一点点努力。

二、如何提升归属感

对于那些缺乏资格感的人来说,要想赚钱,需要增加他的归属感、赋予身份增加他的使命感。

1. 被系统接纳并受到大家的喜爱

在原生家庭中,父母可以提供无条件的爱和接纳;而在外部组织中,则需要具备一定的能力并融入组织系统,至少不被排斥。

2. 被赋予一个身份并对此产生认同

也就是说,要做与该身份相符的事情。对于自我身份的认知和认同,可以进行以下练习。

我是某某某(姓名),是某某某(爸爸名字)和某某某(妈妈名字)的女儿/儿子。

我的出生地/家乡在某某(地名),我的祖辈在当地是有名望的家族。我此生不仅要活出自己的精彩,更要为家族的荣耀而努力。

我未来想成为一名"教练",希望能够帮助那些被情绪内耗困扰的人们，陪伴并支持他们度过人生的低谷。我不是救世主，每个人都有自己的使命。我只是有幸在他们人生中的一段黑暗时期陪伴他们，期待他们能够尽快找到自己的天赋和使命，去做他们应该做的事情。

3. 自我价值的确认

父母的认可、伙伴的认可属于外部认可，但同样重要的是自我认可。自我认可来自于看到自己的价值，同时会爱自己。分享一位看不到自己价值，也不会爱自己的女性案例。

曾经有一位女性客户，她在为朋友选购包包和礼物时总是不惜花费重金，然而在为自己挑选时却总是选择价格低廉的商品。这种行为反映出她内心深处的信念——认为自己不配拥有更好的，而且在她的价值观中，他人的需求似乎比自己的更为重要。她还有一个习惯，总是将别人的需求置于自己之上，无论何时都会优先回复信息，甚至在自己生病时也会尽力满足他人可能并不紧急的需求。这种行为模式实际上体现了她自我价值感的缺失。

三、如何爱自己

到底要如何爱自己呢？这里提供几个参考点。

1. 爱自己是接纳自己的所有面

无论是受伤的、脆弱的、坚强的，还是明媚的、破碎的自己，都要接纳。在催眠治疗中有一个核心理念——完整就是爱。我们不应追求成为完美的人，而是要成为完整的自己。接受自己的每一面，而不是只喜欢自己好的一面而排斥不好的一面，这种自我排斥不仅内耗更是徒劳，只有和解才是解决之道，对抗只会让不接纳的力量变得更加强大。

2. 爱自己就是多做让自己开心快乐的事

无论成败，做你喜欢的事本身就是一种奖赏，并且还会因为出于个人天赋更容易出成绩，更容易体验成功带给你的成就感。

3. 爱自己就是在任何关系中都不过度牺牲自己

不做放弃自己的事业去陪读的全职妈妈，也不做牺牲自己家庭的"扶弟魔"，试图拯救整个家庭。

4. 爱自己就是珍视自我价值，拒绝被他人无故占用时间

比如，教师往往难以向家长提出续费要求。我曾问一位老师："你是否认为自己的课程质量差到家长无须为占用你的劳动和时间支付任何费用？"她回答："当然不是，我的课当然很好。"我追问："那你为何觉得自己的课不值得家长继续为你付费？"她这才意识到，教师也是职业，提供服务自然有权要求报酬，这不仅是一种平等交换，更是尊重自我价值的体现。

5. 爱自己就是要学会滋养自己，而不是不断自我否定

你的每一次自我否定都是在削弱自己的力量，然后又不断寻求外界的认可，这不是舍本逐末吗？特别是寻求父母的认可是每个人一生都在不断努力的方向。如果你现在还需要父母的允许，可以尝试做以下练习：

两人一组，相互凝视对方的眼睛，仿佛看到父母的眼睛一般，然后坚定地说出："我有资格让自己休息（目标期望），我有能力让自己休息（目标期望），我父亲允许我休息（目标期望），我母亲允许我休息（目标期望）。"

你可以将"休息"替换为你希望实现的任何目标。每次练习时，都要保持目光坚定、不眨眼地表达，一旦眨眼或犹豫，就重新开始，直到你能毫不犹豫地说出来。

6. 爱自己就是坚定不移地朝着目标前进

坚定源于一念清纯、毫无杂念，笃信来自信念的坚定。这种坚定笃信会增加"心流状态"的概率，在心流状态下，人可以达到心无旁骛的境界。在佛学中，这又被称为"九住心①"，"九住心已达专注一趣之境，即可一念成魔，一

---

① 九住心是佛法中打坐修定的九个阶段：内住、摄住、解住、转住、伏住、息住、灭住、性住、持住。

念成佛"。可见一念清纯的力量多么强大,无论是你用来爱自己还是想赚钱,都是一念即达的。

觉察练习:

你是谁? 你值得被爱和被喜欢吗? 你值得拥有金钱吗? 诚实地写下你的答案。

第五节　在意别人评价会没钱

一、挣脱"囚禁"

你是否也经常被他人的评价"囚禁"了自己? 之所以使用"囚禁"这个词,是因为:

1. 评价会触发你的情绪扳机

尤其是来自父母的批评和否定,那种不被父母接纳和认可的憋屈劲儿,是不是让你很熟悉? 每次遇到类似的情景或面对被批评时你是不是就来气了? 整个人一下子被情绪给笼罩没有心思顾及其他。这种过分在意他人的评价,就等于将力量交到了他人手中,他就可以操纵你的情绪。例如,在比赛前用侮辱性语言激怒你以求胜利,或者通过媒体舆论抹黑你来击垮你。

2. 在乎评价会让你误以为自己的价值取决于他人的看法

实际上你对自我价值的认知,一部分来自他人,另一部分来自自我。借用萨特的话:"别人眼中的你不是你,你眼中的自己也不是你,你眼中的别人才是你。"别人眼中的你不是你,是因为别人的评价带有他的主观和偏见;你眼中的自己也不是你,是因为受制于自我认知的主观性和局限性;你眼中的别人才是你,是因为我们对他人的评价实际上是根据自己的经验和价值观对他人行为进行的解读和评判，是我们内心世界的对外投射。例如，一个内心自卑的人可能会更容易看到他人的缺点和不足；而一个内心充满爱和宽容的人则可能更容易看到他人的优点和美好之处。因此，我们对他人的评价实际上是我们内心世界的一面镜子，而不是他真实的模样。

3. 在乎评价会带给你很多限制

你也许听过"偶像包袱"这个词。有些人的偶像包袱过重，是因为在乎自我形象，有些事情刻意不做，只做符合自己人设的事情，这些会试图活成别人希望的样子，永远做不了自己。关于偶像包袱，亲身感受真的会被困住。我自己做短视频多年，有些话题尽管运营伙伴再劝说，我都不会碰。比如他们说"用心理学教你四招拿捏男人"这个话题一定会火，而在我看来，心理学是帮助每个人活出更好的自己，怎么能用专业知识来讲这么俗的话题，教这些上不了台面的东西呢？

二、破除心结

被别人评价"囚禁"的人内心是没有力量的，一个无法做自己的人，又怎会吸引到金钱呢？除了需要破除过度在乎别人评价的心结，还需要做一些情绪的剥离。

1. 从认知、感受和个人磁场能量等方面着手

过于在乎别人评价其实就是"没有自我""没有价值""没有力量"的三无表现。

在认知层面，在乎别人评价是因为没有形成自己稳定的价值观，对于我是谁，什么能做什么不能做的问题，不知道是非对错、也不知道如何选择取舍。同时内在边界感比较差，不仅不会保护自己，还允许别人随意评价自己甚至言语冒犯、被 PUA 等。谜底就在谜面上，解决的方法就是建立自己的三观、提升内在边界感，不允许他人随意越界指指点点，自己的事自己做主。

在感受层面，在乎别人评价是因为自己的配得感比较低，自己的价值依赖于他人的评价，没有办法做自己想做的事，会被他人绑架。可以通过增加归属感来提升自己的值得感配得感，前文有详细介绍。

在自我力量方面，既没有外在价值观做框架支撑，又缺乏内在力量做支撑，就特别容易发脾气，这是借助发火来为自己提供力量，其实真正内心强大、有力量的人不需要通过发火来解决问题，通过爱自己、增加安全感的方法来增加力量感。

2. 从关系层面或限制性信念入手

首先，将自己与父母分开，跳出寻求父母的关注和认可的模式。不再追逐父母的夸奖、认可和鼓励，你已经长大成人，应该学会满足自己的情感需求。这里存在的一个美丽陷阱是，做一个"听话懂事"的好孩子，或者"我希望所有人都喜欢我"。因为无论是乖巧懂事还是希望得到所有人的喜爱，这些决定权都不在你手中，如果你执着于此，就会被他人的评价所束缚。

其次，将观点与事实区分开来。他人的评价只是主观的看法和观点，并不反映你的真实情况。不活在他人的言论中，才是做自己的前提。事实是可以用相机记录下来的、不带个人主观色彩的现象。例如，"本周迟到三次"比"你总是迟到"更为客观且不带个人评价。特别是在面对流言蜚语或被误解的情况下，能够将他人的看法与真实的自我区分开来，是一种难能可贵的能力。

再次，避免使用带有情感色彩的褒贬词汇来限制自己，可以用"一词换框法"来做个转换。例如，如果说"你是固执的"，你可能会感到不适，但如果说"你坚持原则"，你可能会更容易接受，尽管这两者描述的是同一特质。同样，有些人喜欢将情绪分为正面和负面，但我并不认同这种划分。实际上，每种情绪都有其积极和消极的影响。否则，人们可能会错误地认为愤怒是一种不良情绪。然而，愤怒若是为了保护自己或增强自我力量，也未必是坏事。避免简单地给情绪贴上标签，反而让自己陷入限制，灵活地寻找方向才是关键。不给自己贴标签,也不接受他人的标签,不随意给他人贴标签或妄加评论,这是一种修养,也是为人处世的洒脱。

最后,有稳定的内在力量并能独立思考不受他人影响,这是做自己的基础。清楚地知道自己要什么不要什么,知进退、懂取舍是一种大智慧。自己想要什么自己去追求,不再期待他人来满足你的需求。当别人不能满足你时,究竟是你的期待伤害了自己,还是别人伤害了你? 不要把自己的期待当作别人应该满足你的义务,得不到想要的结果反而埋怨别人。相反,对于一个勇于做自己且内心强大、情绪稳定、不断成功的人来说,他人的看法和评价显得微不足道。成功以及源源不断的财富都是对你做自己的奖赏!

觉察练习:

你是否也曾希望被所有人喜欢? 最终的结果如何? 你是通过什么经历认识到这是不可能实现的"执念"?

第六节　内耗的人不容易有钱

对于那些内耗严重的人来说,他们太想成功了,总是拼命地想要证明自己,可又不得不面对失败带来的无力感和不甘心。他们不是把自己耗在是非对错的二元价值观里,就是耗在"既要又要还要"的纠结拉扯能量里,又或耗在是满足自己还是满足他人的两难选择里。

正如白岩松所言:"不平静,你就不幸福。"类似的,内心不平静也无法吸引财富,因为金钱的能量是平静和放松的,焦虑和不安无法吸引金钱。因此,想要赚钱就要消除内耗情绪,还要注意到这些容易内耗的人高敏感、多愁善感、容易受他人情绪影响的特点,打开心结才有效果。

对于两个内在小人打架状态的内耗,就是"道德的我"和"本我"发生了冲突,尤其因为内心冲突导致身体出了状况的时候,首先要看到情绪背后的原因或是没有被满足的需求,然后无论是满足需求、清理情绪、转念接纳情绪等都是行之有效的解决方法。对于志向高远的人来说，记得"将军赶路不追小兔"，别被情绪拉下去，忘记了自己的初衷。

对于"既要又要还要"的贪心产生的内耗，用断舍离的方法非常有效，尤其是"断妄念"，把欲望和需要分清楚是非常好的方法。饿了吃饭、困了睡觉，这是需求；不饿却要吃更多，住更大的房子，这是贪念。不以占有更多为心念，断舍离会进行得比较顺利。面对"失去""放下"是一个很难做到的功课。至于在"满足自己"还是"满足他人"之间的选择里，那些自爱的人会毫不犹豫地选择先满足自我，而那些过度付出的人则倾向于满足他人。关键不是满足自己和满足他人会不会遭遇道德谴责，关键在于"度"的把握，"过度"满足自己和"过度满足他人"才是问题所在，自己缺优先满足自己当然不是问题。

有些内耗源于不接纳自己，特别是对失败的不接受，这实际上是一种缺乏力量的表现。很多人常常陷入一种"只能赢不能输"的恐惧之中，导致用力过猛而失败。这种不接受的根源可能来自父母对我们的不接受，注意力不是集中在创造我们想要的，而是用来对抗不想要的，结果是即使什么都不做，也会感到极度疲惫。有人可能会说"我现在已经接受我的平凡而伟大了"，这无疑是在给自己挖坑，如果你真正接受了平凡，就不会再执着于"伟大"了，因为这两者是无法兼得的。道家的逍遥派主张内心的逍遥自在，如果想要达到这种境界，就应将那些"丰功伟绩"的念头抛诸脑后。接受自己是个普通而平凡人的人，所有那些要硬撑着的能量就放下来了，累的感觉顿时消失一大半。既然高敏感的人有容易内耗倾向，就尽力减少不必要的社交，用独处或游山玩水的方式给自己充电，将自己的精力集中在事业或赚钱上。

还有些内耗源自跟父母的关系。一方面内在没有安全感的人不能从父母那里获得力量，可以通过"与妈妈的链接"冥想来练习加强内在力量感；另一方面对父母有很多的怨恨和不接受，需要用"接受父母法"处理跟原生家庭的羁绊。个人财富跟妈妈脱不开关系，所以才有海灵格"成功长着妈妈那张脸"的说法。想要赚钱轻松，似乎可以检测一下你跟父母的关系，可以窥见一斑。现在，请拿出纸和笔，完成以下测试：

提到妈妈时，你有何感受？提到金钱时，你又是什么感受？两者有何联系？

许多与父母关系不好，或有"恐妈"情绪的人往往离金钱的距离比较远，与父母关系紧张的人生活也往往较为艰难。以下用一个案例来说明观点。

有一位女性客户，赚钱一直比较困难。在做咨询过程中，观察到金钱的代表满场跑，似乎在刻意避开她，于是将爸妈的代表引入场景中，结果金钱代表立即跑到妈妈身边。询问她与妈妈的关系时，她坦率地说不想靠近，有想躲避和逃跑的冲动，这跟她与场内金钱的关系反应如出一辙。她自幼就很怕妈妈，特别是被揪住一点小错误不放时，她就想逃离，直到现在都不敢与妈妈生活在同一个城市，这种紧张的关系，使她赚钱变得异常辛苦。

与父母和解才是解决之道，不妨尝试一个练习：接纳父母法。

父亲，您是我唯一的父亲，也是最有资格成为我父亲的人。

我完全接纳您作为我的父亲，接受您给予我的一切，也接受因此而必须承担的所有责任。

请您也接纳我作为您的孩子，生命通过您和母亲传递给我，其中已蕴含了我所需的所有力量、爱与支持。即使我有其他需求，也会利用您赋予我的，在其他地方寻求满足。

我深知我的人生之路不会一帆风顺，途中将遭遇许多挫折与失败，无论我遭受怎样的失望与伤害。

我确信您给予我的力量、爱与支持，已足够让我渡过难关，促进成长。

我将努力行善，让您们以我为荣，当我准备就绪时，我也会拥有自己的家庭。

也许有人会说，没办法接受父母就是特别恨他们曾经对自己做的错事。这里的接受父母，并不是接受他们所有的行为，而是接受他们给予你生命的事实,接受你的原生家庭就是这个样子。尽管某些行为在你看来难以理解,但在父母看来却是最正确的选择,我也是直到 40 岁才真正理解了这个道理:有一天,我爸下楼去菜市场买菜,回来时手中拎着一袋馒头,不过只剩两个了,原因是刚出笼的馒头太香了,在不足 5 分钟的路程中他竟然吃掉了两个,没有饿过肚子的人可能理解不了,他们那一代人对粮食的感情。那一刻,我泪流满面,终于明白了他为什么能将 10 块钱在口袋里装一个月也不舍得花,也理解了他为什么那么热衷于囤塑料袋。

觉察练习:

你跟父母的关系如何? 看了这部分内容,打算怎么修复跟父母的关系?

第七节　爱抱怨的人为何没钱

问大家一个问题:你最不愿意与什么样的人合作共事?

答案肯定五花八门:有虚伪欺诈的、逃避责任的、表里不一的,但还有一类人是大家普遍想要避开的,那就是总是传播负能量、爱抱怨的人。没有人有责任无休止地听你的抱怨和负能量,人都不愿靠近你,金钱亦是如此。

爱抱怨的人可能有很多的不甘心和不公平感:为什么我那么努力,却始终赚不到钱? 为什么穷的人总是我,这太不公平了! 为什么领导总是不赏识我? 但是单纯因在抱怨里不做事,就如同坐旋转木马,一直绕圈,走不出来。要想解决抱怨,先找下抱怨的原因,通常一个人抱怨的原因基于以下三种心理。

一是"你没有给我我想要的"。这通常是孩子的想法,认为你理所当然地应该给我,如果没有给我我想要的,那就是你的不对。这种想法与"感恩"完全相反,感恩恰恰是"我得到了本不该得到的,因此我心存感激"。

期望过多或认为一切理所当然,可能会阻碍金钱流向你。回想奥南朵老师的一个案例:一个人代表金钱,另一个人代表自己,相互对视四分钟,观察会发生什么情况？代表金钱的人回应：我可以给你金钱，但无法给你想要的爱和尊重。

二是"我给你是因为想让你给我"。就像我杯子里的水本就不多，之所以倒给你，是希望你将来能倒给我更多。如果我倒给了你而你没有给我更多，你就辜负了我的期望。这是以给予为名的索取，当索取不成时便恼羞成怒。特别是那些付出感和牺牲感过重的人，会感觉自己受到了不公正的对待，从而产生抱怨。这种行为背后隐藏着一种操控的力量。

三是"都是你的错"。这是孩子般的心态，因为是小孩就可以不对自己的行为和后果负责，只需将责任推卸给他人就好了，这样便减轻了自己做得不好的内疚感，同时也是不承担责任的表现。危害更大的是受害者心态：我没有赚到钱都是你的错，因为我处于弱势，我穷我有理。作为弱者，我没有力量，我唯一保留的力量是指责你为什么没有实现我的愿望。

要终止抱怨的恶性循环，首先得像个成年人一样，明白当你的人生被抱怨占据，就没有余力去经营自己的生活了！可以从以下几个方面着手。

首先，学会主动承担起责任，不再扮演孩童的角色，无论做出什么选择，都能承担起相应的责任，而不是责怪他人，更不要将风险和成本转嫁给他人，否则，你将失去值得信赖的合作伙伴，也难以掌握金钱和财富。

其次，为自己的情绪负责，不要将不快乐归咎于他人。你可以选择快乐，也可以选择不快乐，下一秒去哪里由你决定，没有人能强迫你。一个成年人如果随意对别人发脾气，等同于随地大小便，身边人会远离你，金钱来自于关系，如果身边寸草不生，金钱不会来到你身边。

最后，提升内在能量可以减少抱怨。抱怨是一种"责怪他人"的模式，因为抱怨你我就不用面对自己的不堪、不用面对自己做错事需要承担责任的压力了。另外，如果你有一个爱抱怨的母亲，你也需要提高警惕，她会无形中成为你抱怨的榜样，无论是诉苦、卖惨还是用牺牲感绑架你，都是你要面对的功课。

只要有勇气承认错误、承担责任，你就是有力量的，没有力量的人只会当逃兵。当你内在力量强大时,你就会欣赏赞美别人;只有力量弱小的人才会指责、抱怨、打压别人。

觉察练习:

你是否有经常抱怨他人的习惯?抱怨的点有哪些?你打算如何改进?

第五章　走出财务困境

第一节　四招翻转负债

一个人的财务状况通常有四种状态:收入大于支出、收入小于支出、收入与支出相等,以及收入和支出均处于停滞状态。导致负债的原因要么是金钱的入口和出口不平衡了;要么是有债要还,不是自己的债,就是家族的债;要么是卡在限制性信念或坏情绪上。

一、负债源于金钱的入口小而出口大

从钱流的方向看,当收入小于支出时必然会导致负债。从以往案例经验看,有些女性对金钱缺乏数字概念,收入不高却持续高消费,这是一种典型的入不敷出行为。还有些人因为童年的匮乏感形成的报复性消费习惯,导致负债数十万的都有。

负债的原因还体现在,理性地赚钱却感性地花钱。理性赚钱通常是赚的"有数"的钱,而感性花钱却是花的"没数"的钱,这肯定会容易负债。相反,感性地赚钱并理性地花钱是一种更为合理的方式,因为感性赚的往往基于个人天赋的钱,通常数额较大,而理性消费则能避免陷入负债。

想要翻转负债:首先,根据收入水平,坚持量入为出的原则。其次,将热爱和天赋发挥到极致,同时考虑短期和长期利益的平衡,因为天赋要发挥出来是需要时间的。最后,要感性赚钱、理性花钱,感性提供动力,而理性则提

供策略方法,感性赚的是"天力"的钱,理性赚的是"人力"的钱。"天力"是指会跟更多人产生同频共振、能触动更多人、造福更多人的产品带来的钱,用热爱天赋创造出来的"作品"就属于这一类。而"人力"是通过自己努力赚来的钱。总之,凡是可以把感性与理性结合得很好的,顺应趋势赚钱就不费力。

二、负债与个人的限制性信念有关

心理学里有个重要概念叫"心理预言的自我实现",意思是说"是你的信念创造了你的现实"。也就是说当你心中反复预演一个场景时它就会"梦想成真",尤其那些带有生动的画面和音乐节奏的梦想会更容易实现,因为它调用了潜意识的强大力量。

套用在赚钱这件事情上,如果你深信自己家族世代都是穷人,注定与财富无缘,你就不会朝着有钱人的方向努力奋斗。李中莹常说:"讲不出来拿不到,说不清楚做不好。"这里有两层含义:第一层意思是讲不出来拿不到,即你脑子里都没有的东西,怎么能创造出来呢? 你想都没想过的事情,怎么可能做出来? 第二层意思是,你连说都说不清楚,脑子里似是而非、模糊不清的时候就根本做不好这件事情,比如,当你对别人有期待而别人没有完成你的期待时,那是"别人"伤害了你,还是"你的期待"伤害了你呢? 如果这个都没有分清楚,你自然找不到解决的方向。只有"心知肚明",对本质看得很清楚才能抓住主要问题,手起刀落一招解决掉。

想要翻转这类负债,首先需要学会"转念",因为信念要么会鼓励你推动你做一件事情(认可的信念),要么会阻碍你做一件事情(不认可的信念)。

转念的关键之一在于相信信念是可以"转化"的,正如太极中的阴和阳,二者的能量是可以相互转化的。既然可以转化,那"阴"和"阳"的力量是相当的,所以负债数额有多大,翻转负债的数额也会有多大甚至更多,不必过分担心负债的数额,重要的是学会如何转化。

转念的关键之二在于找到转念的支点,通过"信念搭桥"才能转过去。

否则,硬生生的转不仅不会带来改变还可能变成空洞的"鸡汤",听起来鼓舞人心实际上却不知道到底要如何做。以下分享一个案例。

一位女性客户说常常被别人的评价给困住,她迫切想解决这个问题又苦于找不到方法。首先找到当下困扰点和未来想实现的目标是比较快捷的方法。

问:"你被评价时什么感受?"

答:"感到非常生气。"

问:"你想要实现什么咨询目标?"

答:"自然是听到别人说我,我不再不生气啊。"

"生气"是她当下所在的位置,她想要去到"不生气"的地方,如何在中间搭一座桥让她不生气呢,这里需要找到生气的原因以及可以借助的资源就是"支点"。无论采取何种方法,都需要了解"为何生气",深入了解发现跟童年的经历有关。

问:你开始有这种感受是什么时候?

答:五六岁时吧,妈妈总说因为家里穷别人看不起我们,我总感觉低人一等,每次别人看我时就像被人看透了一样,这种弱小无力感和挫败感让我很是生气,没钱又低人一等的屈辱感也让我做梦都想跟别人一样平等。

问:现在有什么资源让你感觉自己强大到可以跟别人一样平等?

答:上了大学,在大城市有一份体面的工作,比邻居有了优越感。

以这个资源作为"信念搭桥"的支点,证明自己很优秀、可以比别人过的更好,带着这个资源重新面对曾经的受伤经历,从那个渺小的自己到如今跟人一样平等而有力量的自己,那个被看低的自己从此有了保护神。

就像转角遇到爱一样,转念可以让原来的世界变得更大,也有了更多的选择,就不需要待在原来的思维里绕圈圈了。

三、负债与你对金钱的感受有关

金钱能量本来是开心喜悦的能量,但有很多人一想到金钱不是愤怒、就是羞耻，或是充满无力感，甚至罪恶感。

　　一位女性客户，一提到钱就会感到紧张生气。原因是她小时候每次向妈妈要钱，总是会先被数落一番，然后再说赚钱有多么不易、让她节省着花。所以在她看来，伸手要钱不仅是一种羞耻，更是一种罪恶。于是她长大后拼命赚钱，不再向父母伸手要钱，即使结婚后也从不向爱人要钱。由此养成了过于独立的性格，这是一种假性独立，是内在认为"别人都靠不住而不是我不需要依靠别人"，即使很辛苦也独自经营一家幼儿园，从不与人合作来稍稍减轻一下自己的负担，最终，还是由于个人能力有限经营一直处于负债状态。

　　如果我们从小就得不到最信任的人的支持，我们就不相信其他人会来支持我们。这里可解决方法有两个方向，一个是情绪清理减压，通过昆达里尼瑜伽释放情绪；另一个是通过接纳父母改善与父母的关系来增强自身力量。

　　想象父母就站在你的面前，闭上眼睛，放下你的傲慢和自大，感觉自己就是一个需要父母的小孩。

　　即使你可能比父母知道得更多，比父母更有能力、赚得更多，请保持谦卑，以便能够接受来自父母的爱。

　　睁开眼睛，对父母说："亲爱的爸爸（妈妈），通过你的生命，我得以降临到这个世界，这是一份宝贵的礼物。即使这是你能给我的唯一，也已经足够多了。感谢你赋予我的生命，你无须再做其他。"

　　这是对父母的肯定，再次确认你的生命源自他们。然后向父母鞠躬表示感谢！也可以跪在地上，双手摊开，接受来自父母的爱。将其中一半用来爱自己，另一半用来爱这个纷繁的世界！

　　父母自然愿意支持你，但如果你始终处于抱怨父母的状态，他们将无法给予你支持，你也难以感受到爱意，感到孤立无援，只能独自奋斗，这确实令人疲惫。试着以孩子的身份，接受父母的爱吧！如果你心怀感激，你将能够前行。感恩是一种强大的力量，无须任何花费，你只需放下自大和抱怨。

四、负债有时也与家族系统业力有关

有些是自己欠下的债，有些是家族欠下的债。分享两个案例来说明观点。

（1）负债可能源于赚了不该赚的钱。

一位26岁的男性，因为帮客户做线上平台投流一年赚了200万元，这其中有不少灰色收入，结果不到1年，这200万元不仅全部花出去了，还欠下了大额债务，本人也处于抑郁状态。

像这种快钱通常来得快，去得也快，因为只有"因爱"而来的钱才会被留下来服务生命，凡是出于敛财和割韭菜动机来的钱总归要还回去的。这也是他人生的第一课，要赚为他人服务的钱才是长久的钱。

（2）负债可能源于对父母的爱与忠诚。

一位41岁的女性，公司长期处于负债状态。从个案中看到，她跟爸爸有一个共同点，越是被别人否定越是要拼命证明自己，于是陷入一个不断尝试证明自己、失败、再次尝试证明自己、再次失败的恶性循环。在个案中引导她表达："爸爸，我有多爱你，就有多像你。我用和你一模一样的方式来表达对你的爱，但现在我明白了，我还可以通过让自己过得更好来表达对你的爱，而不是像你一样受苦。"她说出这些话时放声大哭，不再执着于到处去结交自认为有价值的人，而是静下心来专心经营自己的企业，负债的公司终于开始出现了转机。

通过看到这种模式并与之和解，保持与家人良好的互动关系，既不会继续用家人受苦的模式保持链接，也不会因为自己赚钱了而感觉背叛了父母。

（3）负债可能是为了偿还家族债务。

一位31岁的女性，第一次见面时她整个人都比较紧张，身材也比较肥胖。经咨询，了解到她的财务状况总是大额进账、大额出账，长久下来导致公司负债。咨询个案中发现，她原本有个妹妹，但是父母因为怕占用男孩的

生育指标,这个妹妹在出生不到一个月时就被送走了。从她总是大额进账,又大额出账留不住钱的模式来看,是不是跟妹妹这个"千金"一样,来到这个家时间很短又被送出去了。她在用这种模式替整个家族记得妹妹。家族里的大额金钱变动通常会跟被排挤的生命有关,这是为了维持系统的平衡和完整,因为系统里的每一个人都应该被记得。这个个案属于在为家族还债的一个方式。

引导她去看到这两者之间的联系,主动寻找妹妹回来或全家把妹妹放在心里,家族完整了,这个大额进账、大额出账的模式也就解除了。

需要注意的一点是:如果你主动选择举债做某项经营,你的信念是"我的债务反映了我对未来盈利能力的信心"。这适用于那些对未来预期收入持乐观态度的情况,即当前的负债属于投资行为。

觉察练习:

你是否有负债? 如果有,是金钱的入口还是出口出了问题?

第二节　赚不来也留不住钱的根源

一、赚钱的入口问题

想要赚钱就要清楚知道钱从哪儿来,又喜欢到哪儿去。赚不到钱通常是金钱的入口问题,而留不住钱则是金钱的出口问题。金钱到底是怎样流动的呢? 让我们共同来看一张图:

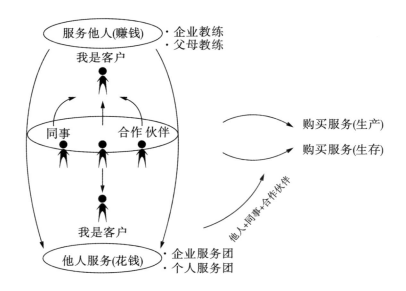

金钱的流动无非"赚钱"和"花钱"两个动作,通过"进来"和"出去"构成一个流动闭环。赚钱的动作以"我"为中心,通过与同事、合作伙伴共同提供企业教练和父母教练服务来赚取收入,这是金钱的流入;花钱的动作通过我花出去购买他人的服务,这是金钱的流出。这展示了金钱如何服务于生命的全过程:我们先通过服务他人来赚取金钱,再用这些金钱去购买他人服务,我从他人那里赚来的钱又通过购买服务花出去,钱又会回流到他人手中,形成一个相互服务的永续循环。这是一个"我为人人,人人为我"的关系网,与这个"关系流"对应的是"金钱流"的闭环。所以说,金钱源自关系,并且在关系中不断地循环流动。如果这个"钱流"不顺畅了,就有可能出现赚不到钱和留不住钱的问题。

赚不来钱通常跟内在动力不足、不知道钱喜欢去哪、不尊重金钱、没有用天赋赚钱、与父母关系不好、财富管道单一等有关,本部分先就前三个原因分析,后三个会在其他章节分别说明。

1. 找到"愿力"

"愿力大于业力,业力大于能力",当一个人有愿力做事的时候,力量如

此之大就会如有神助,相反,如果对赚钱没信心也没力量的话,不妨问自己三个问题:

第一个问题:什么是钱? 什么不是钱?

有人可能会回答:时间是钱、空气是钱、阳光是钱、健康是钱、快乐是钱、亲情是钱、朋友是钱……

人脉是钱吗? 资源是钱吗? 信誉是钱吗? 良心是钱吗? ……

那么"你"自己呢?

答案是肯定的。

什么又不是钱呢?

答案是:所有一切都是钱!

(你可以尝试做这个填空题20次,看看你的答案会有什么变化? 这有助于审视你对金钱的信念)。

看看你周围的一切,一切都是钱,你是不是一下感觉原来我本自具足! 是不是突然间感觉自己很富有? 顿时感觉很有力量了?

第二个问题:你能想出让自己有钱的理由吗? 列出20条,如:

能力强? 情商高? 智商和情商双在线……

热情善良、承担责任、有韧性、勇敢果断、感恩、敬畏……

自信阳光、帅气、待人友善、易于相处……

祖荫福报、贵人相助……

一个人何时最有力量? 答案是:能看见的优势优点,能够欣赏自己,并感觉自己值得一切美好的时候。

第三个问题:你喜欢钱吗? 为什么?

喜欢钱,早日实现财务自由,可以环游世界啊!

喜欢钱,钱能买好多好东西。

如果你回答时没有两眼放光、见钱眼开的样子,你一点都不喜欢钱。如果你找不到要钱做什么的理由,你也拿不到钱,因为金钱都不知道要去服务谁?

愿力需要一个大愿来支撑，你一定有自己特别想干的天赋使命的事要来做，就会浑身充满力量。

2. 金钱喜欢到能服务更多生命的地方去

上文提到，金钱是为生命服务的，所以只要你有服务他人的能力或资源，你就有了跟他人交换的基础，而你的初心和服务质量将决定你赚钱的多少。金钱会喜欢去哪儿？让我们进行一次简单的体验：

你与三位朋友组成一队，每人提供 1000 元作为活动基金，你将代表金钱，其他三位朋友则代表他们自己。让他们依次回答你的问题："如果得到这笔钱，你将用来做什么？"

有人回答：如果得到这笔钱将用来给孩子交学费。

有人回答：如果得到这笔钱将用来还这个月房贷。

有人回答：如果得到这笔钱将用来带爸妈去旅游。

有人回答：如果得到这笔钱筹办中医诊所的钱就够了，可以让附近居民看病不用跑远路了。

············

针对以上回答，作为金钱的你，愿意把手中的金钱分给他们多少？

通过这次体验你会发现，无论是为他人还是为自己，你都愿意给钱，因为金钱是服务于生命的，但那个想投资中医诊所的，你可能会给得更多，因为他想造福的人更多。所以，金钱愿意去哪里呢？你服务的人群越多，金钱就越愿意支持你。

这就解释了为什么做"利他的事"的人更容易赚钱了。所以想要赚钱的初心很重要，要有三心：首先是利他之心，其次是敬畏之心，最后是感恩之心。"利他"是你的善心，有想服务他人的心和服务他人的能力，赚钱只是时间早晚的问题；敬畏之心意味着放下自大与傲慢，放下自以为是，才会有人愿意靠近你，与他人合作共赢；对客户持有感恩之心，客户会成为你的忠实支持者，不断为你转介新的客户，你的财富自然会倍增。

3.不尊重金钱

海灵格说过，"穷人之所以穷困，是因为他们蔑视金钱的神圣"。很多人看不起金钱，哪怕自己身无分文，因为在他们看来有钱是罪恶的，会玷污了他们的"清白感"。他们从内在排除了金钱，自然也被金钱排除在外。其实金钱是老天对你爱的奖赏，尊重每一分钱，尊重每一天的劳动，金钱会成为你心灵的礼物。

自大与傲慢也会阻碍金钱到你身边来。特别是那些受过高等教育的子女，自以为比父母懂很多，内在看不起父母，或者想改造父母按照自己的方式来生活。当孩子比父母还大的时候，就没有办法接受父母的祝福了，因为这违背了"水往低处流"的原则。缺少父母的爱与祝福，金钱自然也来不到你身边。

二、留不住钱的出口问题

如果留不住钱，要么跟自己"没财库"的限制性信念有关、要么感觉留住钱会比较危险，此外，商业合作不讲信誉，都会导致留不住钱。

1.穷人思维认为自己没有"财库"

如果你内在认为自己是穷人，那么你极有可能有的信念是："穷人家就是没余粮的。"也许你不仅认为自己没有"财库"，还极有可能"穷大方"，一旦有了钱就立即送给别人。

我曾接触过一位60岁的女性，逢年过节，但凡晚辈送给她的东西，她都感觉没有资格享用，总是要找理由送出去。哪怕别人送给他的寿桃只有6个，她都会以单个的方式送给不同的人，在她看来，好东西就应该分享，否则就是自私。

其实她不仅内在价值感低，还有关于自私的限制性信念，要引导她看到这些并学会珍视自己的价值。她为自己准备一些余粮也不是自私。

2.无法留住金钱，是因为担心拥有金钱会危及生命

一位经营红木家具的老板总也留不住钱。在咨询个案中发现，由于祖

辈曾因会赚钱而被抢劫，家族中于是形成了一个共同的心结，认为有钱会招来杀身之祸。所以她的钱总是来得快去得也快，根本不敢留下来，只有把钱花出去了，才感觉安心了。个案治疗后，财务状况开始有了改善。

3. 不信守商业承诺也会导致财富流失

无论是在婚姻中不尊重配偶出轨，还是在商业合作中不尊重合作伙伴、背信弃义、欺骗他人，不仅会损失财富，还会使人孤立无援。无论商业模式多么成功，最终都会在财富上遭受重大损失。这里分享一个案例：

一位 42 岁的男性，其公司从事知识付费行业，拥有完善的高管团队和成熟的商业模式，足以支撑公司的快速发展。然而，案主经常带着漂亮的女秘书出席各种会议，却在高管面前训斥自己的妻子，导致流言四起。最终，由于长期的委屈和压抑，妻子因病去世。这是典型的不尊重妻子的行为，妻子本应是一个男人一生中最重要的合作伙伴，案主不仅不尊重，还外遇不断，结果不出两年，他的企业便倒闭了。

觉察练习：

如果赚钱很辛苦，对照上述分析找出原因。如果留不住钱，对照分析找出原因。

第三节　会花钱才能更有钱

前面提到金钱的流动有两个核心环节：赚钱与花钱。"钱越花越有"是社会财富的真相，而"能挣会花"是一个人智慧的表现，怎么通过花钱让金钱更好地流动呢？众所周知，钱只有在不断的流通中才能体现其价值。比如银行发行 100 元货币，这 100 元如果流通 10 次，就创造出 1000 元的交换价值，每个参与者都有收入也有钱花，这将是一个共赢的局面。相反，如果把这 100 元存入银行，就只能有 100 元的价值了，流通中的货币变少了，大家手里也都没钱了。因此,促进资金的流通,无论是对于国家还是个人,都将有助于财富的积累。那么在个人层面,怎么成为一个"能挣会花"的人呢?

1. 过分节俭与个人认知和童年经历有关

过分节俭的模式要么是跟个人对金钱的认知有关,要么是跟童年经历感受有关,只有看到这些模式才有跳出来的可能,跳不出来是因为"只缘身在此山中"。

首先,在对金钱的认知上。第一个认知是那些通过辛苦工作赚来的钱"用一张少一张",这种"不断失去"的感觉令人很不爽,失去会让人很"肉疼",因为在"占有者"心里,"失去"就意味着"没有了",这会引发"没有"的恐惧。第二个认知是只看到了"钱流出"而没看到"钱流入",忽视了金钱循环往复的流通的特性。

只要你是在主动创造对他人有用的产品或服务,有需求的人会源源不断地来购买你的产品,钱会自然而然地进来,如同"道生一,一生二,二生三,三生万物"一样,只要你有别人需要的东西,就是符合"道"的,就会有人来购买。其间你的产品会不断进化,你的客户会不断增多,就是"三生万物"的过程,需要的不过是时间的验证。

对于"打工人"而言,丢了这份工作,只要你能为别人创造价值的技能在,会有下一份工作的到来,工资也会持续地有,前提是你拥有交换钱的价值。

看到金钱的流动特性的全貌,看到自己面对"失去"的恐惧,正因为"失去"才腾出了空间给需要进来的事物,这是"吐故纳新"的过程,不必担心;同时,不断"面对失去"的过程也是不断"成长"的过程,成长的代价是丢掉小孩子的稚嫩,如此才能获得成年人的成熟。

其次,舍不得花钱常与个人的童年经历有关。如果童年时期家庭经济拮据挣钱不易,那么花钱往往会让人感到心疼,就会因回避而让痛苦重演。

一位成功的女性曾在工作坊上分享:她当年考上大学,家里却无力为她支付学费，她妈妈不得不挨家挨户向邻居借钱，这个过程让她感到极度煎熬。有的邻居比较慷慨，有的却只借给了她们两块钱，愤怒、羞辱感都一股脑地冒出来了。多年后，她终于对这件事释怀，并对借钱的邻居表达了感激。这段经历让她发誓再也不找人借钱了，花钱也特别节俭。这是童年的经历带给我们的影响。

也有些人不愿意花钱，是因为他们担心自己生病时没有足够的钱，存钱让他们感到安全和有底气。

我曾经手一个案例，案主的姐姐因心脏病住院。因家中经济困难，只能四处借钱支付医药费，所以他最大的愿望就是希望家人不要再生病，但事与愿违，爱人和孩子总是生病。他总说"怕什么就来什么"，于是更不舍得花钱了，因为在他看来，那都是保命的钱。爱人不能理解，故意让自己生病来花钱，像是在说："你不是舍不得花钱吗？我生病了看你怎么办？"这是一种用伤害自己来泄愤的方式，没看懂对方的模式才导致了这么一个双输的局面。

每一个不舍得花钱的背后都有一个未被满足的需求或未被打开的心结，看到并让爱去滋润恐惧，心结自然就解开了。

2. 无节制的消费往往源于内在的匮乏感

人们试图用外在物品来填补内心的"空洞"，这是另一个极端模式。

内在的匮乏感是疯狂购物行为的根本驱动力，这源于我们童年时期的"缺失"在内在形成了一个"空洞"。比如有囤积习惯的人往往是因为小时候特别渴望某件物品却始终未能得到，从而形成了报复性消费的习惯；而那些特别喜欢抢购打折商品的人，往往有着"损失厌恶"和"占便宜"的心理，仿佛自己不抢购就像损失了巨额财富一样，如果再加上喜欢攀比就会加剧这种行为。有些人为了刷存在感而不断花钱。如果过去因为缺钱而被人看不起，他们可能会通过疯狂消费来赢得他人的尊重，声称"等我有钱了，我就用钱来砸你，让你再也不敢看不起我"。如果小时候花钱受到太多限制，长大后可能会拼命花钱以获得对金钱的掌控感。还有人在不开心时花钱，只是为了抵消当前的压抑感,花钱成了一种发泄情绪的方式。

这些看似喜欢花钱的行为,并非真正的爱钱,而是在推开金钱。因为这些行为背后的能量并非基于爱和喜悦,而是基于恐惧、匮乏和炫耀的需要。

改变的路径在于:不要"喂养"你的匮乏感。过于抠门、喜欢占小便宜、凡事过于精明算计都是内心匮乏的体现。

首先,过于抠门的人,内在的心理能量是"钱只能到我这里来,钱来了就不要走了"。所以抠门的人不仅是不会花钱的人,还违背了金钱流通性的天道,也不符合人性的天道。就好像你喜欢一个人,你把他拴在你身边,来了就不能走了,你感觉那个人还会开心地来到你身边吗? 当然不会。所以抠门的人根本不会花钱,更谈不上能挣会花了。

其次,爱占小便宜的人不仅没有善用金钱,还会因为爱占便宜导致漏财。有位女士特别喜欢贪小便宜,因为曾在一家店买过洗发水,店家赠送了几个小样品,她就养成了习惯,每次去那家店什么都不买,直接去样品柜里拿样品。旁人看着都感到尴尬,身边的人也会远离她,占的那点小便宜也会因漏财丢失掉。还有许多人喜欢要免费的学习资料,免费的东西自己不珍惜也不会认真学习。我曾经见到一些学习心理学的同修,连沙龙费都不愿意支付,更不用说正价课程了。结果多年过去,我们都通过系统学习成为导师,而他们还困在个人问题中无法自拔。

最后,过分精明算计的人,是因为内在的匮乏感。面对事,第一感觉是资源有限有人要跟人抢,于是先下手为强,一则因为他的精明算计,花钱不仅精打细算,不见利益也不会往前贴,会有"用着人朝前,不用人朝后"的习惯,大家担心被算计、被利用都会远离他,最终导致身边没朋友;二则金钱是从关系中来,身边寸草不生没有人愿意跟他交往,他怎么会有钱呢? 这就是过度精明算计的人为什么一辈子不会有钱的原因,比较缺德的是他专挑憨厚人算计,憨厚人都是受老天保护的,早晚老天会给讨回来的。

2.跳出过度消费的情绪坑洞

如何做一个"能挣会花",还能"越花越有"的智慧人呢? 跳出以上这些过度节约或花销无度的模式和情绪坑洞就可以。

首先，带着爱和理智把收入分为三部分：一份用于日常开销，一份用于社交活动，一份用于个人成长或储蓄。这个比例可以是5∶3∶2，也可以是6∶2∶2，具体比例根据你的日常开销来决定。社交活动能带来除个人能力外的财富，而投资于个人发展，学习新技能，可以为未来的收入增长打下基础，这是一项投资，它能带来数倍的回报。此外，将钱花在父母、恩人和急需救助的人身上都是对生命的尊重与敬畏，也会增加你的福报和祖荫。

其次，为了消除花钱时"肉疼"的痛苦感受，可以在每次花钱时说："钱宝宝开心地出去玩吧，我知道你能带更多的钱宝宝回来。"这样花钱就变成了一种喜悦的能量，而不是痛苦的感觉，同时也遵循了"爱出者爱返，钱出者钱返"的能量法则。

最后，做内在有安全感、本自具足的自己。安全感与恐惧相对，恐惧是对周围环境的不信任，带着信任敞开自己，周围的一切美好才能朝你走来，带着这种信念才有敞开自己的意愿。另外，"恐惧是等待爱的地方，我把爱送给我的恐惧"是一种解决方法，用爱来滋养恐惧的荒漠，才能把荒漠变成花园；用爱来滋养内在的自己才能使自己变得柔软而强大，恐惧的外壳才会自然脱落。因为一个在爱中长大的人，会变得柔软、灵活、有力量；而一个在过度苛责中长大的孩子，则会变得僵硬、固执，无力感很强，常常要借助愤怒才有改变的力量。

富养自己，就像看见周围一切都是钱一样，深吸一口气，对自己说"我本具足"，我生来什么都有，只需放下恐惧，追随自己的本心去做想做的事就够了。

觉察练习：

看看你对金钱的价值观排序是怎样的？与你的爱人交流你的排序表，减少你们在金钱消费上可能产生的冲突。

第四节　信用卡四步断卡法

信用卡不只是一张小小的卡片，它之所以被广泛接受，是因为它代表了一种消费观念的转变。东方传统的消费观念是"今天花昨天的钱"，倡导的是适度消费；而西方的消费观念则是"今天花明天的钱"，倡导的是超前消费。

一、超前消费的误区

超前消费的理念是通过中美两位老太太买房的故事而深入人心的：一位中国老太太积攒了几十年的积蓄才买得起房，但不久后便离世；另一位美国老太太则通过贷款买房，等她还清贷款的时候，已经住了一辈子，最后还拥有了自己的房子。这个故事似乎表明信贷消费更为划算，其实更划算的是银行而不是你，能找到你这种高息、长期贷款的客户还有房子做抵押的生意，真是再划算不过了。

信用卡本质上是信贷消费的产物，其盈利模式是先消费后还款。使用信用卡意味着需要支付利息作为使用资金的成本。信用卡能够激发那些原本没有信贷需求的人的消费欲望，使他们购买当前无力支付的商品，并通过分期付款的方式还款。除了房产等大额商品外，信用卡是另一个能持续将你与贷款产品绑定并支付利息的产品。同时，使用信用卡消费时，你可能会减少对支出的敏感度，不知不觉中消费更多，从而陷入消费的陷阱。

关于信用卡超前消费的一个误区是：有人声称你需要通过"养卡"来建立信用。请不要轻信这种说法，关键时刻能决定你贷款能力的是你的可抵押资产、稳定收入以及工作单位的稳定性或五险一金等，这些才是信用评估的基础，而不是所谓的养卡。实际上，养卡可能会让你忘记定期还款，从而损害你的信用记录。你的信用是宝贵的，不应滥用在养卡这类事上。

另一个信用卡超前消费的误区是：将信用卡的可用额度误认为是你的预算——这实际上是你的负债。如果对信用卡没有清晰的认知，就可能陷入不断套新卡还旧卡的恶性循环。银行在贷款给你时限制你用这些钱来偿还信用卡，因为他们知道这无异于拆东墙补西墙，只会让你陷入更深的负债旋涡。

如越来越多的被信用卡束缚的年轻人意识到超前消费的后果。正如投资大师索罗斯所建议的，年轻人应该尽可能地储蓄而非随意消费。对于成年人来说，守住财富就是守住尊严。中国人的储蓄观念在面对困难时期时，仍然能够发挥应对风险的作用的。

现代人普遍有四大财务负担：房贷、车贷、卡贷、后代。为了摆脱债务的恶性循环，不妨从减少信用卡使用开始。每天醒来面对巨额账单，不仅无法带来幸福和喜悦，还会阻碍财富的积累。

二、四步断卡法

接下来，向大家介绍一种"四步断卡法"。

第一步：列出所有信用卡的详细信息，包括发卡银行、卡的数量以及每月的账单总额，确保你对信用卡的债务情况了如指掌。

第二步：对每张卡的消费项目进行分类统计，分析你的消费习惯。例如，通过某银行信用卡的月度账单报告，你可以看到网络购物、日常生活、交通出行、餐饮美食等不同类别的消费比例，支付渠道有微信、支付宝、其他方式等不同的支付方式分类。

建议将账单分为"必需"和"非必需"两大类。必需类包括衣食住行、子女教育、医疗费用等基本开支。同时，也要明确列出非必需的开销，以便计算每月可以节省的金额。

第三步：彻底杜绝那些非必需的开销项目，明确哪些开支是不必要的，而不仅仅是在流水账上安了个名目让钱花出去了。

第四步：制订一个信用卡削减计划，决定从哪张卡开始以及需要多长时间还完,以此类推直至完全停止使用所有信用卡。同时,关闭花呗、借呗等借贷产品。管理好你的手机银行余额,避免被信用卡债务困住。关于储蓄,可以采用定期存款的方式,例如每月向一个账户存入 1000 元,连续存 3 年,总计 36 000 元。这样,在你生病无法工作时,至少可以休息一两个月,同时还能应对一些小额医疗费用,不至于在紧急情况下走投无路。

在经济下行的时期,赚钱变得更为艰难,人们对未来的收入普遍持悲观态度。一些保险公司借此机会大力推销保底利率产品。实际上,如果你的资产没有达到几百万甚至几千万,这样的利息对你来说并没有实质性影响。举个例子,如果你每月工资为 8000 元,与其询问是否应该投资黄金,不如多购买几袋粮食储备起来,这比涨价时购买高价粮更为实际一些。不要再被各种"新概念"迷惑,万变不离其宗,你想要的是他的利息,而他想要的是你的本金,最后一定不是好结局。

重申一遍,断掉信用卡,这是给所有目前还受困于信用卡消费的人的一个建议。

觉察练习:

如果被信用卡困住,如何开展断卡行为?

第六章　如何创造金钱

第一节　成为吸金的人

要想吸引金钱到来,先要成为具备吸金体质的人,重点体现在吸引金钱靠近的特质和品质上。

一、保持情绪稳定

吸引金钱的特质之一是自身内核强大而稳定,对事情极好极坏的变动具有极强的承载力。

1.能量同频

金钱所蕴含的能量是快乐、喜悦、平和与放松。因此,若要吸引金钱,我们的能量状态也应与金钱的能量相匹配——充满快乐、喜悦、平和与放松。每天保持在这样积极的状态中,内心平静且放松,才能与金钱的能量同频。如果一个能量高,一个能量低,就像一辆车在快车道,另一辆在慢车道,注定是难以相遇的,这是其一;其二,内在要有足够的配得感才配得上金钱,如果金钱很大而你很小,你跟金钱就不是同频的,而是要攀附金钱了。

2.能量共振

金钱是你的内在与这世界的交换的最终结果,本质是你的热情、爱与喜欢和这世界共振的频率,你的内在震动频率或行为能与多少人共振决定你可以影响多少人。"夫妻同心，其力断金"，说的是两个人的共振都可以创造奇迹，若是参与共振的人更多就会形成一种"共振场能"、趋势以及潮流，这就是顺势而为。"势"有几个层次：如果你积极参与短视频直播带货，是在顺应时代的势；如果你只与磁场相合的人共事，这是顺应人的势；如果你只做自己喜欢的事情，这是顺应自己的势；如果你每天待在喜悦、爱、欣赏的美好感觉里，这是顺应金钱的势。当你处于"势"中，你是被人推着走的，毫不费力，放到赚钱上也是毫不费力的。如果把势能具象化，你是否看到过虎鲸捕食磷虾的场景，虎鲸会在磷虾周围用气泡建立一个隔离墙，气泡圈内的磷虾会随着水的"涡流"自动进入虎鲸的口中，漩涡中的磷虾根本不费力也用不上力，巨大的涡流成了一种势能，场面很是震撼。

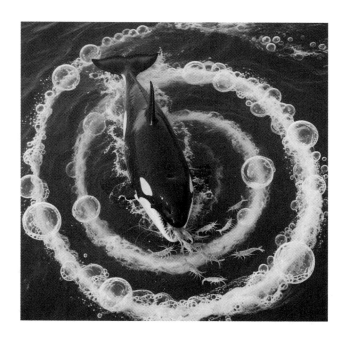

3. 承载力

　　承载力，意味着对一切的接纳和允许，这需要极强的内核，无论发生什么都可以应对，无论是被喜欢还是被讨厌，情绪都不会被外人左右。被喜欢时，需要极强的配得感，能够接得住还不会被得意忘形冲昏了头脑；被讨厌时，则需要极高的智慧，能够化解而不被其影响心情，无论是被喜欢还是被讨厌，都能"如如不动"地做自己。

二、强大的信念

吸引金钱的特质之二是，具有强大的信念和一念清纯的能量。

首先，你需要明确自己想要什么，这样宇宙才能为你送货。你的念头就像一块磁铁，只有向外发射信号才能吸引周围的铁物质。比如专注于你想要的1000万元，它们的用途分别是600万元用于经营及工资成本，300万元用于建造一个团体心灵疗愈空间，100万元留作公司利润。然后在你的脑海中构建一个生动的画面：一栋漂亮的四层独栋小别墅，拥有疗愈空间、办公场所和曲水流觞的喝茶空间，行业大咖与客户面对面交流，员工也享受这个惬意的办公环境。深呼吸，把这种好感觉储存在你的身体里，当你需要时，随时可以调动它来为自己赋能。

其次，你的信念创造了你的现实。你可以经常自我暗示："我能创造我想要的一切！"然后，将你的注意力集中在你渴望的事物上，"意之所在，能量随来！"正是这个意思。专注的极致状态，在心理学上被称为"心流"，就像你想要的一切可以直接下载一样，是一种顺畅流动的状态。许多人看过"水哥"王昱珩在《最强大脑》节目上的表现，他能够从520杯相同的水中挑选出他之前看过的那杯水，原因是他能迅速进入极致专注的"心流"状态，用他的话说就是"见微知著"，通过封闭自己的"五感"，只专注于之前看过的水，仿佛世界瞬间安静下来，从而通过微小的差异找出那杯水。这种状态在佛学中类似于打坐禅定的"九住心"状态，"九住心已达专注一趣之境，即可一念成佛，一念成魔"。

用在赚钱上也一样，你的心在哪里金钱就在哪里。有了明确的目标，再考虑清楚它服务于谁，然后创造一个生动的画面，这样更容易调动潜意识帮助你实现这个目标。

三、尊重自己，尊重金钱

第一，不要让他人无限制地侵占你的时间和精力，特别是在你生病、休息或休假时，更不要牺牲自己去满足他人。你一定要确保外部所有人跟你的交易是公平的，如果你为别人提供了服务，你又不好意思张嘴收钱，你就会被卡住。如果你总是无偿为别人服务，你就会吸引像吸血鬼一样免费利用你的人。

第二，尊重你自己的价值。不要试图通过降价来吸引更多的客户，也不必担心提价会失去客户。有些行业，比如心理咨询行业门槛较高，自然价格也相对较高。如果通过降价破坏行业规则，只是为了抢夺其他人的客户，那么你吸引的可能是那些只寻求廉价服务的客户，或者因为利润过低而无法维持高质量的服务或经营。在我的观念中，两个认可你价值的客户，比四个不认可你的客户更有价值。

第三，只为那些尊重你的人服务。一是只为尊重你的客户服务，如果客户不尊重你，你可以选择拒绝为他们服务。我没有要求你尊重我的权利，但我有拒绝为你提供服务的权利。二是只为尊重你的雇主工作，如果雇主总是不尊重你，你也可以选择拒绝。

第四，重视自己的价值，学会照顾和激活你的身体，因为很多时候成功需要身体的支持。你的身体是你价值的一部分，只有健康的身体才能继续为自己和他人服务。同时提升身心能量，也能吸引更多金钱。重视你的价值，但做义工的人除外，有些义工是为了积累福报，有些则是为了寻求心灵的宁静。

关于尊重和珍惜金钱。首先，纠正关于金钱的一些限制性信念：例如，认为有钱人都是坏人，提钱很俗气，有钱人都是资本家等。特别是那些自认为清高的人，一边需要钱一边又看不起钱。因此，海灵格说："穷人之所以贫穷，是因为他们蔑视金钱的神圣。"将金钱视为一种礼物，而不是从内心蔑视它，才是对金钱的正确态度。

其次，学会珍视每一分钱。我发现很多人对小钱不屑一顾，却无法赚取大钱。你可以做一个简单的测试：地上有 1 分钱，你会捡起来吗？ 10 元呢？ 100 元呢？ 有人说，100 元会捡起来，但 1 分钱就不捡了，因为觉得丢人。如果那 1 分钱代表你自己，而 100 元代表别人，别人没有理你，却对 100 元很热情，你会有什么感受？ 这不仅不尊重钱，还有很强的分别心。

珍视每一分钱意味着不浪费，该花的不犹豫，不该花的不因为金额小就随意挥霍。就像很多人点菜过多吃不完就倒掉一样可惜。粮食从播种到上桌需要经历很长的时间，参与劳动的人也很多，没有用于充饥而是被浪费掉，这是对资源的极大浪费。

四、拥有吸引财富的品质

吸引金钱还需要拥有吸引财富的优秀品质，也就是"德要配位"。古语说"厚德载物"，若"没有德"或"德不配位"，就驾驭不了金钱。要想"得到"，必先"德得"才行。这里的"厚"字蕴含着宽厚与真诚的意味，而"德"可以被看作是一种激发人"生机"的磁场。它是帮助他人的善行，是利他的善念，是不求回报的善意。对自己有德，意味着爱自己、对自己慈悲；对他人有德，是对他人的意愿给予充分尊重；对天地有德，则是对自然的敬畏与感恩，意识到自己的渺小同时感激上天有好生之德，让每个人都有权利享受阳光雨露春风细雨的润泽，才会有循环往复的"生生不息"。有大德才能承载情绪、承载他人行为过失，让自己成为光，才能吸引他人到你身边来。

接下来，让我们介绍几个与金钱相配的品质：

一是热爱。热爱是做事的初衷，也是做事的动力。没有热爱你很难把一件事情坚持下来，有了热爱不仅内心愉悦，还总会有灵光乍现时刻，带着热爱和天赋，各方面表现一定很出圈，同时有灵感容易出成绩，简直就是天选之人。金钱是对你热爱的奖赏，金钱来自你的热爱而不是缺，我赚钱是因为我爱钱、喜欢钱而不是恐惧缺钱，金钱才会来到你身边。

二是保持好奇心。怀着婴儿一样的好奇心，不断探索未知和新奇事物，一念清纯,非常专注,不二念,会比较容易进入"心流"的状态,让你表现非凡。

三是慷慨给予。对人慷慨大方是非常容易吸引他人来做你的合作伙伴的,因为大家不担心跟着你会吃亏。慷慨还表现在你对自己的知识技能的慷慨分享,不担心别人会想抢走你的技能、你的饭碗,就容易吸引合作伙伴、合作的项目,由此带来巨大的收益。"将欲取之必先予之",你想得到什么就给出什么,你给出的金钱都是给自己的礼物,因为你创造了一个更大的能量循环,循环越多你就越富有。给富有创造力的人而不是处于匮乏中的人,你不去着急救他们反而容易激发他们的斗志去努力改变当下的状态,这就是救急不救穷的原因。

与给予相对的是接受,如果总是不能大方地接受,只是一味地给予,会破坏付出与收取的平衡,会让关系难以维持下去。"施比受有福",只是"受比给予"难以做到,是因为"施比受"处于道德高位,如果你不能像小孩子那样接受父母的爱就没有办法给予你的孩子爱,这是一个循环。

四是勇气。勇气不仅是对外在现实的挑战,更是面对自己内心的恐惧或羞于承认的东西的挑战。比如前面让大家做的练习:"你喜欢钱吗? 为什么?"有很多人在这个环节说不出来,感觉承认自己喜欢钱太俗了,羞于承认自己有需要,是值得感配得感差的一个表现,只会逞强不会示弱就没有办法构建一段良好的互动关系。

五是感恩。逻辑限制人的能量,而感恩会创造能量。感恩自己拥有的、感谢别人为你付出的是对自己和他人的肯定。用感谢、表扬、赞美来表达你的感恩,感恩同样可以促发"生机",创造出新的事物。感恩也是财富的倍增器,前文提到过,如果你感恩客户,他会给你介绍更多客户,你的财富就会自然而然地倍增。

当你具备以上这些品质,最后一个注意事项是不要过度关注结果,进入一种超然放松的状态,金钱就会毫不费力地来到你身边。

觉察练习:

尝试写感恩日记,从自己的优点开始,并尝试欣赏和鼓励他人。

第二节　做吸金的事

先来做一个简单测试：什么钱赚得最轻松？

答案是：别人送来的钱最轻松，做自己擅长的事最轻松。换句话说：做利他的事最赚钱，做你最喜欢擅长的事最轻松。利他是你的发心，而擅长则是你的天赋！简而言之，做利他+擅长的事就是在做吸金的事。做利他的事不难理解，前面在做金钱喜欢去哪里的体验中，你已经发现了：金钱喜欢去那些能够服务更多人的项目，所以选择利他的事最赚钱。那第二个做自己擅长的事赚钱最轻松，怎么去找到你的擅长，又如何让你的才华被世界所见呢？

一、发现你的天赋

1.通过观察

我们一直都有孩子百天抓阄的传统习俗，这是观察孩子对什么感兴趣的第一次尝试。父母可以细心观察孩子在日常生活中对什么感兴趣，例如，有些孩子一听到音乐就不自觉地跟着节奏跳舞，展现出良好的节奏感，这就是天赋。

2.通过身边人的反馈

你从小就被别人一直夸奖的能力，比如你对人的情绪非常敏感，别人一开口你就能识别出他为何生气，这就是你的天赋。但有时候，你身边可能缺少这样的参照人来给你恰当的提示，而大多数时候，自己对自己的认知也存在误区。以我表妹为例，当初考硕士研究生时，我问她：你喜欢做科研吗？如果选择读硕士博士，就意味着要走科研之路，如果不喜欢，就选择现在找个工作，三年的光阴，比起不喜欢的书本知识，你的职场经验会更有价值。

她摇摇头说:我根本就不喜欢科研。结果,她一边打着王者荣耀一边考上了研究生,博士又是保送的,虽然她没有意识到,但对她来说,轻松地上学和做实验确实是一条非常适合的道路。

3.通过测评

现在有许多优势测评软件,可以帮助你发现自己的优势,例如盖洛普优势34项、霍兰德职业性向测评等。也有父母借助生辰八字来帮助孩子发现天赋。这些方法都可以帮助你找到自己的天赋所在。

二、让你的天赋被世人看见

1.天赋是做出来的而不是想出来的

天赋可以通过测评,通过其他人发现,但都需要通过你的实际行动展示出来给别人看到的,所以天赋里不仅有热爱作为动力,更有你的主动付出才锻炼出来的。就比如学开车,有天赋的可能2个小时就能练出来,没天赋的可能需要一个月才能练出来,天赋不是你不需要努力,而是你可以在最短的时间内取得更好的成绩,你可以更高效地把一件事做到极致,让别人难以超越,这就是天赋。

当然天赋也不是仅凭空想出来的,比如前文案例中提到一位自诩很喜欢写作的案主,自认自己很有天赋,其实她只是想通过写作来获得别人的尊重而已,这跟善于写作,在创作中享受快乐是两码事。

2.天赋并非一蹴而就

天赋是在不断的尝试和错误中磨炼出来的,而非仅仅依靠他人的点拨。需要被点拨的天赋只是你对自己不了解或有盲区而已,别人的点拨只是旁观者清的视角给你一个提示,天赋其实本来就在你身上,但要它显现出来,需要你不断试错。"智慧"二字拆开来看,"智"就是通过不断练习以达成熟能生巧的境界,"慧"就是打扫心田,让心保持澄明状态。天赋需要澄明的心性、也需要试错打磨不断练习才能优于其他人。

三、金钱是上天对你的天赋的奖赏

我们来理一下这个逻辑：有天赋的地方通常是你热爱并擅长的地方，是老天爷赏饭吃的地方，是你有比较优势的地方，当然也是别人努力也没你做得好的地方，容易被圈内人认可的地方，这就是你的天赋使命。

1. 好感觉

"热爱能抵岁月漫长"真不是一句鸡汤，只有以热爱作为动力，你才有可能在面临困难处境时找方法克服它，也因为热爱喜欢，你很享受做事的过程，即使没赚钱也赚到了开心，做你热爱的事本身就是对你的奖赏。热爱压根不需要费力，因为热爱压根不需要动用意志力，因为热爱也不需要别人督促，做自己热爱的事内驱力最强。

2. 好习惯

优秀是一种习惯，有天赋的人很容易在人群中脱颖而出的。保持优秀的惯性，就会节省你的能量，同时让你赚钱毫不费力。

3. 好结果

热爱的投资回报比最高，因为热爱，你总是一学就会一看就懂，因为热爱你充满灵感和创意，创新的服务总是会令人耳目一新，解决了客户真实的问题，客户自然愿意付钱给你。你通过帮助他人和服务生命获得他人的尊重，同时收获财富，所以要关注的是创造价值而不是赚钱，你创造了价值金钱自然就会随之而来。把焦点放在用你的天赋才华创造价值上，金钱财富都只是早晚的事。

觉察练习：

你找到天赋了吗？ 可以用上述方法试试。

第三节 拓展财富通道

要想八方来财,关键在于拓展你的财富通道。接下来,我将介绍两种财富通道的分类方式。

一、从财富创造者的角度分类

1.他雇

他雇指的是作为雇员被他人雇佣,主要通过工资、奖金、提成等途径获得收入。这一类人依赖个人技能、管理能力以及人际关系处理能力来获得收入。他们的关注点在于如何提供高质量的工作成果、如何在职场中建立良好的关系,以及如何通过晋升和加薪来提高收入。

2.自雇

自雇通常指那些拥有专业技能的个体,如医生、律师、会计师、教师、演员等,他们通过开设工作室或个体户组织来获得收入。他们的主要收入来源于个人技能或相关衍生收益,而雇员通常仅限于担任助手角色。

比如,专业技术人员还可以通过知识产权获得衍生收入,例如著作权、商标权、专利权等,这些都可以为他们的劳动价值增值,带来版税等额外收入。大 V 直播博主可以通过收取商家的坑位费等方式获得额外收入。演员和艺人还可以通过广告代言、肖像使用权等获得衍生收入。

3.雇他

雇他指的是通过雇佣专业人员组成公司来经营业务,主要收入来源于公司提供的标准化产品或服务。这是通过系统化的分工,将各类专业人员组织在一起,实现协同劳动以赚取利润。企业主作为发起人、投资人及管理者,个人财富与公司利润紧密相连,有资格作为股东与企业主共享组织的利润分红。

专业技术人才通过合伙制企业联合起来，扩大规模并培养职业经理级别的人员，形成一种合伙人模式的公司结构，通过组织系统和品牌效应来获取收益。

4. 投资

可以以资金、技术、管理入股企业，也可以通过股票、基金或房产、商铺等渠道进行投资，以获得收益。

从是否亲自参与劳动的角度来看，资金、技术、管理入股属于"劳动收入"，依赖于个人的技能、精力和时间来实现，一旦生病请假，收入就会受到影响。而股票、基金等投资则可以依靠他人来实现，对个人的时间和精力依赖性较低，收入中包含投资收益、劳动收益和风险收益，公司中还有剩余价值收益。房产、商铺是广受欢迎的"睡后收入"，即无须额外付出劳动时间和体力精力即可获得的收入。

若想改变财富来源单一的状况，需要对自身所处的时间周期进行规划，并将财富来源进行多元化组合。

二、从金钱获取所依赖的资源分类

1. 工作

通过投入时间、技能和贡献来赚取金钱，属于人力赚取的收入。大多数人初入职场时都会选择这条路，这是一条通过工作成果来交换金钱的路径，同时也是一条学习成长、提供锻炼机会和积累个人经验的路径。这与每个人的天赋、努力、用心程度、时间、技能水平、平台、行业等因素紧密相关，多种因素的排列组合导致了不同的财富结果，既包括金钱也包括个人成长。

2. 天赋

通过个人天赋与平台相结合来赚取金钱，属于人力与天力相结合的收入。个人天赋越强，平台水平越高，收益自然越大。个人天赋在组织中可发挥作用的比例因行业而异，从8%到50%不等。在传统行业中，个人天赋的作用仅占8%,组织收益更多地来自组织系统协同效应。而在高度依赖个人天赋才华的行业中,天赋最多可占到一半的比重,此外还需要平台组织的运营和团队协作努力来实现,当然也少不了资本的运作和参与。

3.关系

构建关系的天赋与人脉所赚取的财富,是人力与天力共同作用的结果。B端客户对人脉关系的依赖往往超过业务拓展(BD)人员拓展市场的成果。在某些特殊行业,招标采购过程中对人脉关系有着明确的要求。如果你天生具备构建人脉关系的能力,并且这些关系能够带来经济收益,那么你实际上是在通过关系网络来创造财富。

在关系网络中,有一种特殊的关系是姻亲关系。有些人通过婚姻进入豪门或娶得贵女,也能实现财富的跃升。周围的社会关系网络为你提供了更多可变现的资源。

4.祖荫

祖辈遗产和好运带来的财富,属于福报带来的钱。祖辈遗产若能带着爱继承,那是一份祝福;但如果是通过法律诉讼争夺家产而得来的则可能成为一种诅咒。给孩子留下巨额财产也存在风险,比如,如果你留给儿子2亿而他缺乏智慧去管理这些财富,他可能会被周围人欺骗去做各种投资,最终因投资失败而挥霍掉所有的钱。

结合以上分类方式,如何开启这些财富的通道呢?

首先,从认知上明确这些财富通道与自己的关系,结合个人天赋优势,思考可以做出哪些选择或组合;或者有些财富通道需要时间去构建,你可以提前规划时间,采取措施,分步骤实施。

其次,如果你可选择的财富通道入口存在问题,比如被人际关系或身体状况所阻碍,需要通过疗愈个案来释放那些阻塞的情绪。

最后,如果你的财富通道受到家族业力的阻碍,同样需要通过个案来疏通这些业力障碍。

觉察练习：

梳理一下你的财富通道有哪些，如何打开这些财富通道？

第四节　获得他人支持

首先，让我们探讨一下赚钱的基本逻辑："钱—事—人"，这个公式可以解读为：金钱是你能看到的最终结果，而客户愿意付费给你是因为你为他做了一件事或解决一项麻烦，而为他解决麻烦的是人，所以赚钱离不开他人的支持。

一、成功需要从三个层面获得他人支持

1. 家庭层面

假设你是一位母亲，孩子尚在 3 岁以内，你若想外出工作，就需要爱人或长辈帮忙看孩子。家务的分担、孩子对你工作的理解与支持，都是你安心工作的前提。如果孩子经常哭闹或生病，你将难以集中精力工作。

继续深造同样需要家人的支持。一方面，你可能没有收入来支付学费，需要爱人的经济支持；另一方面，你可能面临分居带来的生活不便，以及爱人担心你学习后心态变化，不再重视家庭等等。据一些学习心理课程的女性反映，爱人不支持她们继续学习，那是因为她们学偏了，上课成了不干家务、不关心孩子的借口，甚至试图用学到的技巧来控制爱人。爱人感觉她们不是在学习，而是在被类似传销的组织洗脑。相反，如果你通过学习改善了亲密关系，带孩子也更加得心应手，爱人自然会支持你继续深造。

2. 公司内部层面

通过组织架构和岗位分工合作实现协作。没有其他人的协作，你不可能同时处理好研发、生产、销售以及财务、人事和后勤工作，这依赖于整个组

织系统的协同和支持。单纯这些还不够,还需要企业文化来增强团队凝聚力,需要归属感来提升员工的责任感和使命感,因为只有让员工感到被珍视和被感动,他们才会全力以赴地工作。

3.公司外部层面

赚钱需要客户、投资人、员工和合作伙伴的支持。从客户到资源的全环节参与,才能形成一个完整的闭环。利益在这四者之间的平衡是实现稳定循环的关键。不说别的,单纯一个员工抱怨、合伙人拆台,你想轻松赚钱就不可能实现。

二、如何寻求他人支持

寻求他人的支持,可以从以下四个方面着手。

1.尊重他人

尊重分为两个层面:一是外在的尊重,比如升职加薪的过程公平合理,论功行赏有明确的依据,这样大家都能心悦诚服。二是内在的尊重,员工通过创造价值来获得报酬,这本是一种公平的交易。如果你总是觉得所有人都在赚你的钱,仿佛你在施舍他人,那么你在与人交流时难免会缺乏尊重。有时,即使你没有明说,你的表情也会无意中流露出这种态度。

让我们做一个简单的实验:

看着对方的脸在心中默念:"我比你好,我比你懂,我比你成功,我比你强,我比你能,我知道什么才是对你好的。"感受一下你说这句话的表情,你自己身体上的感受,以及对方的感觉和可能的回应?

然后,再看着对方从心理对他说:"你不完美,我也不完美,但我们已经足够好,我们都已经尽力。"感受一下你说这句话的表情,你身体上有什么变化,以及对方的感受和可能的回应?

只有发自内心的尊重才能产生真正的效果。表面的社交技巧无法让人感受到你的真诚。例如,当你对别人说"谢谢"时,如果你连看都不看对方,即使你说自己是真心实意的,别人也难以相信。

2.学会沟通

良好的沟通能够促使他人更愿意支持你。在沟通时,从对方的角度出发,关注对方的利益点,这样沟通会更加顺畅。例如,如果你想找工作,可以向你的爱人表达:"我想为家里增加收入,减轻你的经济压力。在这个过程中,我需要你的支持和帮助,让我们一起照顾孩子和分担家务。"这样的沟通更容易被爱人接受。首先,你表达了对他的体恤和分担压力的意愿;其次,在照顾孩子和家务方面,你们共同承担,你提供了具体的解决方案,这使得他更愿意接受。否则,如果他认为你去工作后,孩子和家务无人照料,而你已经考虑到了他所面临的压力和问题,并提出了相应的解决方案,不需要他独自承担太多,他可能会考虑接受你的决定。

例如,与孩子沟通时,应从孩子关心的方面入手:妈妈希望多陪伴你,但妈妈上班后,陪伴的方式发生了变化。妈妈可以通过电话视频、微信等方式与你保持联系。同时,妈妈赚钱后,可以带你去周边游玩、参观你梦寐以求的 AI 科技馆、参加游学活动等。有了孩子的支持,妈妈可以更安心地工作。否则,别说上班了,想要生二胎都可能得不到孩子的支持。博首尔的段子大家可能都听过,她问儿子多乐是否想要弟弟或妹妹,儿子回答说:如果你觉得自己不够忙,我可以让你瞬间很忙。

如果你没有征询意见,直接通知对方你的决定,对方会感到你没有尊重他,也不在乎他的看法。你只是来通知的,还问我干什么?

在沟通时,让对方了解你的交换条件和后续安排,可以顺利推进事情的进展。例如,领导对员工说:你是老员工,可以多承担一些工作。员工的第一反应可能是:"凭什么?"如果领导换一种说法:我真的很欣赏你在某方面的能力和潜力,你愿意为这件事承担更多责任吗? 明年一季度会提拔一位领导,我相信你有能力做到。员工只需考虑是否接受这个机会,通过承担更多工作来换取晋升,而不是简单地增加负担。

3.成为更好的自己

首先，做到真实。真实的你最有力量，不需要将精力耗费在"伪装"和"撑着"上，做自己最轻松。其次，做到真诚。真诚可以过滤掉许多喜欢套路的人，让能量纯净且直达。最后，做到谦虚。"谦受益，满招损"，谦逊的人有很多朋友朋友愿意伸出援手，自大的人招来的都是酒肉朋友，呼呼喝喝很热闹，关键时刻树倒猢狲散。

4.调整对他人的态度

曾有一位创业者对工作感到厌恶，与同事合作也让他感到不快，导致他长期负债累累，最终甚至不愿踏入公司一步。一位朋友向他提出了忠告："除非你爱上它，否则你无法真正摆脱任何事物。一旦你爱上它，你就会获得自由。"自那以后，他转变了态度，开始真诚地与他们交流，与所有同事建立良好关系，并认真规划工作。大约3个月后，他的公司开始盈利。

抱怨他人无济于事，你唯一的选择是：爱上你的工作，爱你的客户。当你的心态改变，一切都会随之改变。如果你想得到他人的支持，只有通过爱他们的方式才能获得。因为当人们感到被尊重、被理解、被关注时，他们会想要回报这份知遇之恩，激发他们内在的动力，全力以赴地工作。

觉察练习：

有不尊重自己、不尊重他人的信念吗？如果有，如何做？

第五节　创造金钱

前文提到创造金钱需要遵循人为法则和灵性法则。而接下来提到的"创造金钱"这一概念，还可以借助古老的"空生妙有"理念来阐释，即先在"心灵"中创造，随后在"现实"中实现。

一、空掉你的心，放下执着

1. 一个是"心性空"，一个是"无相空"

心性空，就是内心空空的，没有被任何东西填满，有"空白"就有新东西进来的可能性。另一个是无相空，不被任何具象化的东西所束缚，无论创造什么样的新东西都有可能，灵感来时"妙手偶得之"也不是不可能。关于创造的可能性，古语说"和实相生，同则不继"，意思是不同的东西碰撞反而会有奇迹出来，而相同的东西却无以为继。

"空"有大用，"空"可以创造"有"，比如杯子有用的部分不是杯壁，恰恰是空的部分，空的容积决定盛水的多少。

2. "空"意味着放下，"有"代表执着

这里将两个字作为动词使用，放空和放下都可以腾出更多的空间，创造无限可能的事物，如果每天都担心失去"有"的东西就会被恐惧控制，放不下的东西越多，越没有追求新事物的可能性，放不下的东西越多，越患得患失越不能前行。

3. 扩容你的心，扩容你的选择

心量不够大，承载不了太多东西，扩容你的心包含利他之心、敬畏之心和感恩之心。而选择性的扩容是在扩容心力，我本自具足，我不受任何限制，我可以创造任何我想要的东西，有选择就有了力量，有选择财富通道也会变多。

二、信念塑造生活

想要什么，先相信它存在，从"心"上把它创造出来。相信你可以实现自己的梦想，相信你能创造自己想要的一切，先把梦想目标创造出来，最好能用生动的语言描绘出来，并画出来贴在墙上，会调用潜意识的能量朝着目标一步步迈进。

三、显化金钱

显化金钱的过程就是把内在的念头(梦想愿景)向外显化的过程。把念头当作一个带有磁力场的磁石,当一念升起时念头就会向外发射信号,情绪感受给它提供了能量,让场变得更强大,外界同频波段的东西感应到就被吸引到磁力场中。想要吸引金钱,就要释放对应的爱、喜悦放松的能量才能吸引金钱过来。如果你显化金钱吸引不过来,极有可能需要先清理那些坏情绪、疗愈创伤点,打扫完情绪战场,才有可能迎接你想要的金钱进来。而有些不顺和小磨难有时候是在磨炼你的承载力,让你能驾驭得了更大的财富。简单说,显化的过程就是发射信号、清除障碍、吸引金钱的步骤。

四、具像化梦想

把要实现梦想的每一个步骤都用行动做出来,比如前文提到孩子想开演唱会的案例,用未来成功景象方法把未来描绘出来并贴在墙上,其中每一步需要用实际行动做出来,包括学习功课、练吉他、吊嗓子、作曲、打比赛、考进音乐学院有专业老师指点等,如果缺少了这些执行的步骤,一切都停留在心理层面的创造没有意义。

这些步骤中蕴含吸引力法则。念头如同发射的信号,能否吸引金钱取决于动力有多强、阻力有多小。动力跟你的发心、情绪动力、内在核心的强度以及能量是否纯净笃定有关;而阻力则与你的障碍点、创伤点、情绪摩擦力以及自我内在力量有关。所有增强动力、减少摩擦力的点,都是你需要做的功课和努力的方向。

金钱同样遵循爱的法则。爱可以驾驭金钱,而金钱不能驾驭爱。那些"因爱而来的钱"会留下来,"因爱花掉的钱"也会很快被补回来,所以很多人这个工作没了就会有下一个工作,命运总是会很好地运作,而且以最有利于你的方式运作,不用过多的焦虑和担心,只要你是基于爱的原则在做事,总是会有机会的。所有那些我们花掉的钱也都会使得社会更富有，并成回到我们身上来。你越是对送出金钱感觉良好，你对金钱就越有吸引力。所以有很多人乐于做捐赠，捐赠出去的钱在为每一个生命服务，这份馈赠就会加倍回到你的身边。

在爱的法则里，奇迹源于爱，由爱创造。我们当年都是学习张海迪长大的，医生说她只能活到18岁，而她却创造了一个生命的奇迹。类似这样的例子不胜枚举，只要你相信自己可以创造奇迹，你就一定可以做到。

觉察练习：

参照上述步骤，写出你显化金钱步骤。

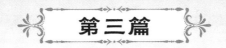

第三篇

降低内耗，回归健康

心理学界有一个著名的隐喻：未被表达的情绪永不会消失，只是被活埋，将来会以更丑陋的方式出现。所以那些被忽视、压抑的情绪最终都会以某种身心疾病的方式来显现，它实际上是心灵的呐喊。

第七章　身心疾病的起源

　　真正的身心健康包含身体、心理和心灵三个层次,身心健康不仅与个人的遗传基因、饮食、睡眠、运动等生活习惯有关,更与个人的心理和情绪感受密切相关,在这一点上,东西方的观点基本一致。

　　根据传统中医理论,人有七情六欲,七情指的是喜、怒、忧、思、悲、恐、惊这七种情活动。这些情感活动是人体对外界环境刺激的自然反应,通常情况下并不会引发疾病。然而,当强烈且持续的情绪刺激超出了人体的生理和心理承受范围,可能会损害脏腑的精气,导致功能失调。特别是当人体的正气不足,无法有效适应和调节情绪刺激时,就可能引发所谓的"情志病"①。情志病的成因有两个方面:一是外部刺激,如人际关系紧张、遭遇重大变故等;二是个人性格特点,例如高度敏感、心胸狭窄、道德感过于强烈的人更容易受到情绪困扰。

　　情绪的不同类型会在相应的脏器中积累,因此有"怒伤肝、喜伤心、思伤脾、忧伤肺、恐伤肾"的说法。当脏器出现囊肿、硬块等病理变化时,往往与情绪郁结有关。最初,这种郁结表现为一种无形的气,但随着时间的推移,它可能演变成有形的物质。例如,那些习惯于压抑情感的人容易患上结石;而那些经常感到憋屈的人则容易出现肿块。那些"自以为是,自以为好,自以为对"的心灵往往隐藏压抑着"以为不是,以为不好,以为不对"的想法。

---

　　① 情志病,病名首见于明代张介宾《类经》,系指发病与情志刺激有关,具有情志异常表现的病证。轻度有郁证、癫、狂;重度有心脏病高血压之类;重度有糖尿病、肿瘤之类。

西方关于情绪与健康关系的研究也得出了类似的结论,超过90%的疾病与情绪压抑有关。当人感到快乐时,全身呈现温暖的色调;而当人感到抑郁时,全身则呈现蓝色的抑郁和阻塞状态,长期如此可能导致身体疾病的发生。

在心理学概念里,情绪本无好坏,它只是如实的反应了内心感受状态,但情绪有积极作用和消极作用两个方面,积极的情绪会让你有动力做事,消极的情绪会阻碍你做事。积极情绪能够激发行动的动力,而消极情绪则可能成为行动的障碍。情绪引发的疾病可以被视为一种"信使",它提示我们注意那些导致当前健康问题的思想信念或生活方式,或者提醒我们与内在心灵对话,去发现那些未被满足的需求。例如,一些女性可能会通过频繁生病来寻求爱人的关注,仿佛在说:"请看看我,我已经生病了,为什么你还不关注我?"这样的女性,如果内心渴望被关爱的需求未得到满足,无论有多少心理医生的帮助,她们都可能不愿意康复。另一个例子是,有些女性会经历严重的痛经,以至于无法下床,这可能是因为她们内心深处认为自己没有资格休息,只有生病了才能心安理得地休息。从这个角度来看,疾病实际上是一种礼物,它让我们注意到自己内在心灵的呐喊,而不是继续忽视它。

身心疾病通常与不良的生活习惯、情绪压力以及家族关系的影响有关,这恰好对应心理学中的身体、心理和灵性三个层面。本章将从这三个方面进行详细探讨。

第一节　生活方式导致的身心问题

世界卫生组织(WHO)发布的健康公式指出,在影响健康的因素中,个人生活方式占60%,遗传占15%,环境占17%,而医疗服务仅占8%。这充分说明了生活方式对身心健康的重要性。良好的饮食、充足的睡眠和适量的运动是保持身体健康的基础。健康养生的首要步骤是养身,因此,关注饮食、睡眠和运动等健康生活方式至关重要。同时，良好的身体素质与情绪管理是相辅相成的，妥善处理情绪有助于身体健康，而健康的身体又能增强走出情绪困境的能力。这也是心理学课程中常包含呼吸吐纳、站桩、昆达里尼瑜伽等身体训练的原因，通过这些训练可释放情绪、帮助身体恢复活力。

一、饮食习惯

1. 食品安全

食品安全问题一直困扰着无数家庭。由于过度追求经济利益和食品安全监管的不足，许多不安全的食品流入市场。以我个人经历为例，我购买过用硫酸铜（敌敌畏的主要成分）处理过的鱼，这些鱼颜色鲜亮，价格也较高；也购买过毒蘑菇，新鲜的蘑菇在塑料袋中过夜后散发出刺鼻气味；还有苹果，切开一半食用后，另一半即使放置两天也不会生果锈。如果条件允许，建议优先选择天然农作物，如小米、红薯、手工面等，蔬菜则应选择当地时令蔬菜，尽量选择300公里以内的农作物产品，以适应当地人的口味。减少对冷链食品和预制菜的依赖，减少外卖的订购。此外，一些食物可能会增加抑郁风险，如奶茶、蛋糕巧克力等高糖食物，以及碳酸饮料和咖啡等饮品。情绪困扰者应尽量避免这些食物。

2. 节制饮食

对于脾胃功能较弱的人来说，过量进食甜食、冷食或油腻食物都会加重脾胃负担。消化这些食物会消耗个人的元气，尤其是胃强脾弱的人，无节制的饮食会进一步加重负担。糖尿病被称为富贵病，部分原因在于过度饮酒和食用过于肥腻的食物。因此，建议每餐只吃七分饱，将三餐在8小时内吃完，保持16小时的空腹时间，减少肉类摄入，多吃蔬菜。

3. 遵循四季养生规律

春季是阳气升发的时节，风邪易侵袭人体。建议多摄取温补阳气的食物，如葱、姜、瘦肉、蛋类、优质蛋白质、豆类及各类蔬菜，这些食物有助于驱散寒气、辅助阳气升发。春季也是肝气生发的时期，补肝尤为重要。可以食用绿色蔬菜以及富含维生素的食物如，荞麦、豆芽、菠菜、猪肝等，西洋参枸杞茶等养肝饮品也是不错的选择。此外，侧卧睡眠有助于血液归于肝经，促进肝脏的造血功能。

夏季是万物生长的季节，此时应注意养心消暑。可以多吃酸枣仁、莲子等有助于养心、消除烦躁、改善睡眠的食物。夏季出汗较多，容易导致气阴两虚，因此要及时补充水分，并食用益气养阴、清淡的食物，如山药、蜂蜜、莲藕、木耳、豆浆、百合粥等。夏至三叶茶（荷叶、竹叶、薄荷叶）也是消暑养心的佳品。夏季脾胃功能较为脆弱，应避免食用过多生冷食物，保持饮食均衡。适当食用薏米、茯苓、白扁豆等有助于健脾益胃的食物。

秋季是收敛的季节，此时应注意润肺防凉。秋季气候干燥，应多吃蜂蜜、枇杷、百合、乌梅等柔润食物，以滋养胃部和肺部。勤喝水，保持肺部和呼吸道的正常湿度，对于预防呼吸道疾病尤为重要。

冬季是闭藏的季节，此时应注意补肾养神。在补肾方面，可以食用黑豆、大枣等黑色食物，以及枸杞洋参补肾茶等饮品。中医认为"肾开窍于耳"，因此，经常按摩耳朵有助于肾脏的保健和气血的顺畅。养神方面，冬季养生重在养神，多读书报、赏花草、听音乐、嗅柑橘等皆可调养心神。同时，晒太阳接受"日光浴"也能使人精神振奋，心情愉悦。养胃方面，冬季饮食应以温热、易消化为主，避免过食生冷油腻的食物。可以多吃栗子、山药等益气健脾的食物，有助于强健脾胃。同时，要遵循渐进的原则，少吃多餐，保持饮食均衡。

二、睡眠习惯

在现代快节奏的生活中，人们面临着巨大的生活和工作压力，这导致了一系列的睡眠问题。

1. 睡眠不足

缺乏睡眠的人常常感到疲惫不堪，情绪易怒，免疫力下降。充足的睡眠能够为身体充电，恢复活力，睡眠时间根据个人体质状况而定，标准是以个人不感觉困、头脑神清气爽为原则。睡眠不足时，人们往往脾气暴躁，情绪低落，身体无法得到充分的恢复，免疫力自然会降低，有些人的感冒和低烧都是由于过度劳累和睡眠不足而引起的。

2. 睡眠不规律

自愿熬夜被称为熬夜，而被迫晚睡则称为失眠。据统计，我国每晚失眠的人数高达 4 亿，熬夜已成为现代人的普遍问题。若想保持身心健康，应遵循各脏腑经络活跃时间安排作息：

例如，卯时（5 点—7 点）是大肠活动时间，因此最好在 7 点前起床并排完宿便；午时（11 点—13 点）心脏活跃，午休小憩有助于恢复精神；亥时（21 点—23 点）三焦经活跃，此时泡脚是不错的选择，亥时三刻是最佳睡觉时间；肝胆经在子时（23 点—次日 1 点）开始活跃，即使现代人晚睡也务必在 23 点前入睡，否则会影响肝胆的排毒和休息；23 点至凌晨 4 点，一定要保证睡眠，如果缺觉轻则脾气暴躁、精神不集中、频繁出错，重则免疫力下降引发各种疾病，如果再加上过度劳累，直到筋疲力尽还不睡觉会增加猝死的风险。

三、运动习惯

现代人上班出行依赖代步工具，上下楼梯使用电梯，基本没有运动量。例如，我如果仅仅是上班的话，一天步数也就 2000 步左右，且要长时间面对电脑，还要久坐，办公室病自然是少不了的。数据显示，人醒着的时候有71% 的时间是坐着的，这导致了颈肩疼痛、腰椎间盘劳损、脊柱侧弯、下肢静脉曲张、脑供血不足等疾病的发生。如果每周运动时间不足，容易导致精神紧张，自然会有颈肩问题，严重阻碍气血流通，间接增加血栓类疾病的风险。选择运动方式应因人而异：体质强健者可选择跑步、游泳等有氧训练；体质较弱者则更适合练习八段锦、站桩等增强气血的活动。

缓解精神紧张的方法有站桩、冥想、静坐等,这些方式都能让人达到静、空、松的状态,容易紧张的人大多有些急躁,重点在于让心静下来,速度慢下来,使大脑专注于当下,促进身心合一。

若您感到情绪需要宣泄,不妨尝试昆达里尼瑜伽,每日早晚各进行60分钟的练习,帮助释放身体内积压的情绪,使身心恢复到轻松自如的状态。

觉察练习：

要修整的生活习惯有哪些?

第二节　情绪导致的身心问题

确保身心健康的关键之一在于养心,保持愉悦的心态,并妥善处理情绪。进一步而言,要想有效管理情绪,首先需要了解情绪的根源。只有消除了引发极端情绪的障碍,才能避免对身心造成严重伤害。

我们对情绪的深刻理解大多源自西方心理学,其中影响力较大的有精神分析学派的西格蒙德·弗洛伊德和人本主义心理学家卡尔·罗杰斯等。关于情绪来源的研究,有阿尔伯特·埃利斯的情绪ABC理论、人本主义的需求满足理论以及弗洛伊德的童年创伤理论等。

一、情绪 ABC 理论:情绪来自你对事情的看法

依据美国心理学家阿尔伯特·埃利斯提出的 ABC 情绪理论,A 代表诱发事件(activating event),它本身是一个中性的客观存在。然而,当事件经过个人信念(belive)或认知的过滤后,会产生不同的情绪和行为反应(consequences)。在这个过程中,个人的看法和解释至关重要,不同的信念会导致不同的情绪反应。

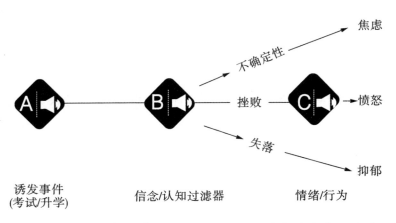

诱发事件　　　　　信念/认知过滤器　　　　情绪/行为
(考试/升学)

一位女孩的焦虑和抑郁情绪生动地诠释了图片中的内容。她是一位18岁的高三学生，对考试总是怀有深深的恐惧。每当考试临近，她就会感到肚子里仿佛有一只小怪兽在翻腾；而一旦考试结束，所有的不适感也随之烟消云散。面对数学考试，如果内容是她未曾复习过的，她便会感到焦虑不安，仿佛失去了对考试的把握，那种不确定感唤醒了她内心的焦虑。当考试成绩公布，随之而来的挫败感让她愤怒至极，摔东西，无法接受结果，甚至崩溃大哭。对于那些无法接受的分数，除了挫败感，还有深深的无助感。她无法接受自己，却又无计可施，心理的煎熬让她陷入失眠和抑郁的恶性循环。通过两方面的调整，她逐渐找到了出路。首先，给孩子做情绪剥离，她的父母改善了夫妻关系，不再让孩子承担裁判或判官的角色，让孩子能够自由地做自己，专注于学习，而不是被父母的关系所困扰。其次，给孩子释压。一方面是父母期待的压力，另一方面是孩子自己给的压力。父母期待让孩子感到肩上的重担，觉得自己无法满足父母的期望，同时，她也对自己有着不切实际的期待，认为自己聪明，即使不努力学习也能考入理想的学校。然而，现实总是不尽如人意，每次考试后的崩溃哭泣也就成了不可避免的结果。

个人的信念或认知过滤器在这一过程中起着至关重要的作用。例如，当一个人向你走来，如果你先入为主地认为他是坏人，你可能会感到恐惧和害怕，并为了自保而迅速寻找保护自己的工具；相反，如果你认为他是出于善意而接近你，你就会给予对方接近你的机会。你的预设和判断将决定你产生何种情绪反应，这正应了那句话，"一念天堂，一念地狱"。

　　准确的"预设"判断可以保护你，而不准确的"预设"判断则可能限制你的行动。这些限制你行动的"预设"被称为"限制性信念"，它们不仅会限制你的行为，还可能导致内心冲突，成为身心疾病的根源。例如，当你因遗漏提交一份关键材料而遭到领导的公开批评时，如果你认同领导的观点，不仅不会产生负面情绪，还能提醒自己下次更加注意，以避免类似情况的发生；然而，如果你认为领导是故意让你难堪，你可能会感到愤怒和委屈。每次与领导交流时，你都会感到不自在，长期积累的压抑情绪会使得上班非常痛苦，久而久之，身体也会出现各种不适，腰酸背痛几乎成了常态。

　　再比如，许多人对家族企业持有偏见，这种偏见也被称作刻板印象。但刻板印象难道不也是一种"心理预设"吗？你预设他们是一家人，因此不信任你，认为升职加薪都是基于"关系"而非"能力"，所以当你没有得到晋升时，你会觉得这是不公平的，认为存在暗箱操作。即使自己的能力不足，你也会认为是别人的问题，从而将他们是一家人这一点放大。解放自己的最好方式首先是放下自己的预设，不"先入为主"，而是先观察事情的真相，再做出结论；其次是转变思维，能够换位思考。如果我自己经营公司，家族成员来寻求帮助也是人之常情，只要他们不拉帮结派，不在关键岗位上违背商业经营的规则，寻求一份工作并非不可接受。这样一来，你就不会对家族企业感到义愤填膺了，愤怒会让你做出很多不理智的选择，同时因为长久的怨恨导致身体问题。

二、人本主义理论：情绪来自未被看见的需求

　　人本主义特别强调人的本位思想，注重识别和满足人的需求，这些需求包括生理需求和心理需求。例如，饥饿时需要进食，疲劳时需要休息，这是基本的生理需求。若这些需求得不到满足，人们可能会表现出强烈的不满。当一个人因失眠和焦虑而难以入睡时，他们可能会陷入一种恶性循环。如果你在一个人沉睡时将他们唤醒，却无法理解他们为何会对你发脾气，这表

明你缺乏对人性的深刻理解。特别是当心理需求未得到满足时，人们不仅会表现出情绪反应，有时甚至会以身体健康为代价。

一位40多岁的女性长期感到被父母、爱人和同事忽视，长期受到甲亢的困扰。她无法忍受娘家母亲对她的孩子不如对弟弟的孩子好，感到自己被忽视；无法接受婆母与自己同住，而兄弟们却不承担赡养老人的责任，感到不公平；无法接受弟弟和弟媳见面时不打招呼、不尊重自己的行为，这些愤怒情绪在她体内积压，最终导致甲状腺问题。她长期被忽视的愤怒情绪无法得到释放。通过认识到自己的内在需求，勇敢地面对这些情绪，而不是随意找一个"避难所"去麻痹自己，最终导致身体出现问题。在个案中，通过识别并释放这些情绪，同时对疾病表示感激，并与过去和解，她的身体症状才得以缓解。

其次，还有因现实利益导致的需求冲突。在产品方与销售方的合作中，特别是在服务行业中，人力成本大约占40%，销售成本占30%，管理成本占10%～20%，剩余部分为公司利润。因此，在谈判合作比例时，产品方与销售方应基于这个成本比例进行调整，否则无法覆盖成本，处于劣势的一方自然会产生不满情绪，不愿意继续合作。

最后是价值观的冲突。当价值观不同时，言语上的冒犯很容易发生。例如，你对一个非常熟悉的人说"你真不要脸"。对方可能会认为你在开玩笑；但对一个陌生人说同样的话，他可能会感到被侮辱。不要在尊重的边缘试探，这不仅有冒犯他人的风险，还可能导致关系破裂。

三、童年创作观点：情绪来自一些重大创伤事件

弗洛伊德认为，每个人的童年经历对未来成长具有深远的影响。根据我处理的众多案例，无论年龄多大，总有人被童年的经历困住的创伤。当我目睹那些40～50岁的女性因童年经历号啕大哭时，我确信他仍然困在童年阴影里。

一位30多岁的女性曾在直播间提问：为何肩膀总是紧张，无法放松？我

说，这通常与内心的恐惧有关，可能是童年时期害怕犯错、害怕让父母失望，或是害怕失去好孩子的形象，导致长期处于紧张的战斗状态，身体因此紧绷。你属于哪一种情况呢？她回答："全都有。"并且情绪崩溃，痛哭失声。那一刻，她内心深处的恐惧和委屈终于得到了释放。同时，我引导她去关注那个渴望被认可、渴望被温柔对待的内在小孩，并给予拥抱。多年累积在身体里的伤痛终于被看见，双肩的紧绷也随之缓解。

当然，并非所有创伤都源自童年。有些创伤可能是由应激事件造成的。我分享一段亲身经历，7 年前我前往青城山和都江堰的旅途中，导游不断提及 5·12 汶川地震时当地的惨状，试图让那些场景听起来更加生动。我的第一反应是："为何要不断揭开自己的伤疤给人看呢？"当我向导游表达我的困惑时，他回应道："我都是应游客要求才讲的，难道不是大家都想听这个吗？"他的立场是满足他人的好奇心，而我的立场则是顾及受灾者的情感。这或许与我曾经的一段咨询经历有关，一位来访者在汶川地震期间还是一名在校学生，基于测绘地图的需要与同学们一同奔赴灾区。不幸的是，一堵倒塌的墙将他们埋在废墟之中，导致他腰部以下遭受粉碎性骨折。尽管医院全力救治使他身体得以康复，但创伤后应激障碍让他 10 年来一直被噩梦困扰，长期的情绪压抑导致心脏出了问题。

以上列举了情绪产生的三种原因：一种来自信念和看法，一种来自未被满足的需求或本能被激惹，还有一种来自应激创伤障碍。无论哪种情绪淤堵导致的身体疾病，都需要我们看见情绪，与情绪共处，释放并清理情绪，接纳情绪才能真正放下情绪。

关于接纳情绪。在个人自我成长的路上，有两句至理名言想必大家早已耳熟能详："看见即疗愈，接纳即成长"。所谓"看见即疗愈"，是指一旦你意识到当前的情绪与何事相关，情绪便疗愈了一半；而"接纳即成长"则是指对于那些无法改变的现实要学会释怀，无论是在力量、能力还是高度上的提升，都标志着你的成长。

接纳情绪可以分为以下四个层次：

首先是和解。和解意味着放下对抗，不再让对立的情绪如水火般不容，放下对抗将使你摆脱紧张，变得柔和；和解是一种消融，它能改变僵硬的状态，为双方提供融合的机会。

其次是包容。扩展你的内心空间，无论是力量还是能力的增长，都会使你的内心空间变得更加宽广，事情自然显得不那么重要了，或者你将拥有更多的视角和维度，变得更加灵活，自然也就更容易欣赏和接纳不同。

再次是允许。允许一切顺其自然地发生，这是一种强大的力量，它摒弃了担忧、恐惧和对抗，让一切如水般"流淌"，无须紧握不放，也无须费力挣扎，"无我执"意味着没有束缚，心灵自由了，一切也就自由了。

最后是臣服。将自己交付给更高的力量，让它在你身上创造更大的奇迹，最伟大的成功往往都是轻松实现的。

通过以上步骤处理过后，可以放下这些情绪包袱，让自己轻松走上实现自我之路，成为生命的顶级玩家。

第三节　家族关系导致的身心问题

在心理咨询领域，NLP（神经语言程序学）流派被广泛应用，由理查德·班德勒和约翰·格林德创立。NLP来源于萨提亚的家庭治疗、艾瑞克森的催眠术以及韦特·海默的完型理论。由于其操作简便、受众广泛，即使没有心理学背景的人也能快速掌握，并且咨询效果显著，因此备受推崇。德国的海灵格家族系统排列也因其独特的咨询方法，能够解决家族系统中的纠缠关系，为跨越代际问题的解决提供了可能，目前传播迅速。

无论是萨提亚的家庭治疗还是完型学派，都将问题视为系统的一部分，采用系统观点来分析问题，从而避免了头痛医头、脚痛医脚的片面处理方式。家族系统排列的创始人伯特·海灵格结合非洲祖鲁族的习俗与心理学技术，创新性地发展出了家族系统排列这一独特的心理咨询技术。它被誉为心理学中的一剂猛药,能够跨越代际限制,在短短一个小时的时间内揭示系统中隐藏的心理动力。通过个案,我们可以清晰地了解症状的根源,甚至是事情的来龙去脉。当家庭中出现被排挤、付出与收获不平衡,或者违反家庭"序位"的情况时,就需要对这些情况进行"归位"处理,以恢复整个系统的平衡。下面通过一个案例来说明这一点。

一位15岁的男孩患有焦虑症和社交障碍,无法正常抬头与人交流。心理量表评估显示,他的焦虑、抑郁和社交障碍均达到中重度水平。由于失眠和焦虑,他甚至无法正常上学,因此前来寻求咨询。

在排列个案的过程中,我们发现孩子的症状部分源自学习压力——成绩中下导致他在人前感到自卑,难以融入集体;另一部分原因则与他的妈妈有关。妈妈已经患抑郁症6年,尽管尝试了多种心理治疗,病情仍未见好转。孩子内心深处似乎在说:"妈妈,我愿意替你承受痛苦。"而妈妈抑郁的根源在于向伴侣"索求关爱",她内心在说:"亲爱的,你看我都生病了,你为何还不来关心我?"然而,她的伴侣并未给予期望中的回应,认为都有两个孩子了,为什么还有这种近乎小女孩的要求,明知道她想要偏不给,导致双方僵持不下,妈妈一直病着,孩子就以牺牲自己的方式介入了父母的矛盾之中。

为了让孩子摆脱这种状况,首先需要让他意识到,妈妈向爸爸索求关爱是成年人之间的问题,与他无关,先解放孩子。同时爸爸需要主动承担起调整夫妻关系的责任,避免让孩子继续承担这种压力,全家人对这个"隐秘游戏"的看见有了调整的动力和方向。另外爸爸主动带孩子社交,在男人堆里充电让孩子学会如何跟他人相处。爸爸本来就代表社会规则,代表适应与融入,小男孩到一定年龄需要来到爸爸身边修炼男性的力量。

母亲寻求关注的行为将孩子牵扯进来,同时也揭示了家庭关系缺失可能引发的身心疾病。

一位40多岁的女性,她的体型肥胖,尤其是上身显得特别厚重,肩膀高耸,背部常年感到僵硬不适。

个案排列揭示，案主始终未能获得爱人的支持，于是不断向孩子倾诉苦楚。孩子为了减轻妈妈的负担，努力赚钱以满足她的愿望，希望她能在家族人面前抬起头来。结果，孩子在无形中替代了爸爸的角色，满足了妈妈的需求，导致家庭中的角色错位。孩子承担了过多的责任，变得过于强大，甚至超越了爸爸，成为了家庭的支柱。这种过度的责任感使孩子感到孤独无援，背负着家族的重担，导致了背部常年疼痛。

让孩子将责任归还，重新成为孩子，不仅能够解决身材问题，还能因为回归到孩子的角色，而从父母那里获得爱和祝福。爱是代代相传的，孩子在父母的爱中成长，不再需要孤军奋战，也不必勉强支撑。这样一来，背部疼痛的问题自然会得到缓解。

也有通过身心疾病来维持家族系统完整性的案例：

一位40多岁的女性，经济独立，拥有一个体贴的伴侣和一个温顺的儿子。她前来咨询的原因是孩子变得胆小，不敢在人前发言，每当听到妈妈提高嗓门就会感到紧张，最近甚至沉迷于手机，不愿上学。

在排列中发现，她对爱人持有轻视的态度，认为他赚钱少且无法为家庭提供保护。她独自一人努力支撑家庭，感到非常吃力，因此变得易怒和不耐烦。她经常在孩子面前抱怨爱人的不好，甚至有时会赶走爱人，这使得孩子变得更加胆小怕事，生怕惹妈妈生气。案主常常感到愤怒和无力，仿佛所有人都在与她作对，有火无处发泄。

孩子的胆小和怕事与妈妈的易怒有关。同时，由于妈妈的强势地位，孩子在潜意识中会追随爸爸，以平衡家庭中的能量。孩子会变得像爸爸一样平和，没有攻击性。但由于爸爸被排挤，孩子也会变得缺乏力量，容易对手机成瘾，看起来和爸爸一样失败。

治疗的方向是引导孩子表达对爸爸的爱："我有多爱你，就有多像你。"让孩子意识到自己追随爸爸的模式，从而将自己与爸爸的命运区分开来。同时，也要让孩子看到自己在父母之间平衡力量的角色。表面上孩子尊重妈妈，但在潜意识中跟随爸爸。妈妈越是讨厌爸爸的某些方面，孩子就越会与爸爸相似。这是孩子对爸爸的爱与忠诚，他在维护家庭系统的完整，牺牲了自己的未来。让孩子退出来，单纯地做孩子，就是最好的疗愈。

在个案咨询的过程中，我们经常见证这样的场景：家族中某些成员被忽视、排斥，甚至被迫离开，或者因为某人的负面行为或法律问题而被其他家庭成员刻意回避。在这些情况下，家庭中往往会出现一个患有心理或身体疾病的个体。这种现象根源于家族的系统良知或集体潜意识，目的是维护家族整体的稳定。同样地，当家族成员遭受不公正的待遇时，后代可能会通过各种异常行为或身心疾病来提醒我们记住那个被遗忘的人。

海灵格将这些现象归类为现象学的一部分，认为这是一种超越时空的信息传递，通常被称为灵性层面的沟通。在家庭系统排列中，这意味着家族系统中的某个成员承载着整个家族的历史信息，即使这个人可能是未曾谋面的祖先之一，后代成员也会继承家族的全部信息。

在科学领域，对于这种"幽灵般的超距作用"，全息理论和量子纠缠提供了理论基础。根据全息理论，宇宙是一个由各部分全息关联构成的统一整体，因此，在这个整体中，每个子系统和系统在物质、结构、能量、信息、精神和功能等宇宙要素上都是全息对应的。简而言之，一切事物都具有时空思维的全息性，每一部分都包含着其他部分，同时又被其他部分所包含。

量子纠缠理论简单说来就是在适当的条件下，一对纠缠的粒子被激发出来，即使将它们分隔到遥远的地方，一个粒子的变化也会瞬间影响到另一个粒子，不受时空限制，类似于"心灵感应"。关于时空消失的科学解释是：将一个自旋为 0 的粒子分成两个自旋相反的粒子，一个自旋为 1/2，一个自旋为 −1/2，然后将它们分开。由于自旋产生电性，电又产生磁，而磁是时间的体现，自旋相反即时间流向相反。对于纠缠量子系统而言，它的时间为0，即时间不发生变化，完全同步。同时，根据时空关系，时空是一体两面，时间为 0 则空间也为 0。因此，对纠缠粒子来说，时间和空间都不存在。科学家阿兰·阿斯佩、约翰·弗朗西斯·克劳泽和安东·塞林格因在量子纠缠方面的贡献，荣获 2022 年诺贝尔物理学奖。

在一个完整的系统中，经历过情感纠缠的个体能够瞬间感知到对方的信息。这可以解释母亲与孩子之间、同卵双胞胎以及情侣之间的心灵感应现象，尤其是母亲与孩子、双胞胎之间的生物性联系。因此，在系统排列中也会出现类似的现象。

觉察练习：

你是否有因家庭跨代际的关系纠缠问题？如何解决？

第八章　神经症的心理根源

在众多身心疾病中,神经症属于精神障碍类疾病,涵盖了焦虑症、抑郁症、强迫症等常见精神障碍。被诊断为"症"的标准包括:症状持续超过三个月,量表检测指标超出正常范围,并且严重影响了社会功能,这三个条件缺一不可。其发病机制与个体的性格特质、童年经历以及应激性事件等因素紧密相关。童年经历塑造了一个人的信念和价值观,性格则是长期思维和行为模式固化的结果,而所有神经症患者普遍存在的一个共同人格特征就是不安全感强,疗愈这类问题的切入口大多在于与父母关系的修复,以及自己内在力量的提升。

如前所述,既然情绪大多源自限制性信念(认知过滤器),我们就可以从这些限制性信念入手,导致三大神经症信念略有区别:焦虑症患者是不相信世界,因此独自担忧;抑郁症患者是不相信他人,因此远离人群;强迫症患者是不相信自己,因此反复验证。本章将从导致情绪的信念和感受着手,通过转念和情绪清理达到身心健康的目的。

第一节　焦虑是对未来的担忧

焦虑源于对未来的担忧,对未来的"未知"和"不确定性"感到恐惧。而产生的这种恐惧人人都有,但其程度与个人的内在不安全感程度紧密相关。不安全感较强的人往往因失控感而放大情绪反应。因此,焦虑与两个因素有关:一是外部不可控因素,二是内部可控因素。内部可控因素通常与信念、内在不安全感或内在力量感有关。外部不可控因素我们无法控制，但内部因素可以通过调整认知信念和增强安全感来改善。

一、重塑认知

首先，从调整信念开始。焦虑源于对"不确定性"事物的"飘浮的""没有明确对象"的恐惧。这种恐惧源于对周围环境的不信任。例如，我不相信这个世界是安全的，不相信大多数人是善意的，不相信如果我没有利用价值，就没人会对我好。

运用情绪 ABC 模型来解释，将外界变化解读为危险，会引发恐惧情绪；将变化视为威胁，又因为自身能力不足，就会感到压力，将变化理解为不确定性，对这种不确定性的不可控感会导致焦虑。许多人认为这是恐惧情绪的后果，解决方法是学会不恐惧。然而，正确的做法并非急于消除恐惧情绪，而是深入恐惧，探索恐惧背后的"正向动机"，理解恐惧能带来什么好处。只有认同恐惧，才能引发一场"先跟后带式"的对话，最终引导到需要解决的问题上。

问：想象一下，恐惧能给你带来什么好处？

答：肯定是保护自己啊，让我知道什么时候可以正面应对，什么时候需要迂回一下，走为上策（这很可能是答案）。

问：所以恐惧并不是坏事，也不用急于去掉它，可以这么认为吗？

答：当然。

问：那如果可以证明一切本来就是安全的，你还需要保护自己吗？比如担心太阳明天不会照常升起，没有免费的阳光和空气提供给你？

答：可能就不需要了。

问：那么，你认为的不安全究竟指的是哪些方面呢？

答：我比较抗拒的是不断变化，不知道未来会成为什么样，所以感觉不安全。

问：如果变化是不可避免的，就像海浪一样起伏不定，如何让自己感到安全？

答：顺应浪花的节奏。

完美，我们已经找到了适合自己的方法，顺应变化就不会害怕变化了。那就是通过"信念搭桥"，然后用"先跟后带"的方式，把注意力从"危险"的框架转移到"安全"的框架。

如果进一步扩展提问——

问：枝头的小鸟从不害怕树枝折断，能给它带来安全的是树枝还是自己的翅膀？

答：小鸟的翅膀。

的确如此，因此应对风险需要自身强大，而不是拼命控制外部不可控的事物。安全感源于内在，而非外部。这也意味着，尽管焦虑可能发生在每个人身上，但通常被焦虑症困扰的往往是那些焦虑易感人群，即那些敏感多疑、多愁善感、自尊心强的"脆皮人"。因此，应对焦虑除了调整信念外，还需要通过增强自身安全感、自我价值感和力量感来实现。

二、提升安全感：安全感源自何处？

若我们有幸获得一棵果实累累的树，我们应如何培养它呢？答案是自根部开始滋养，而安全感正是树木的根基。安全感的来源包括以下几个因素。

1. 归属感

归属感是指个体在系统中的成员资格，即孩子因血缘关系而被家庭接纳，感受到欢迎而非排斥。没有性别歧视，孩子无须为父母赢得荣誉才被喜爱，这就是父母对孩子无条件的爱与接纳。这种归属感让孩子在家中拥有自己的位置，感到自在，无须取悦他人，拥有充分的安全感。孩子因被看见和鼓励而充满力量，出于对家族的荣耀感，会因自己的身份认同而激发出责任感和使命感。无论年龄大小，都可以通过表达喜爱、鼓励和肯定来满足被看见的心理需求,也可以通过认可成功经验和共情其情感来满足被认可和理解的心理需求。

2. 母婴的依恋关系

这一关键期通常在孩子0~3岁,通过与母亲的亲密互动建立:如母乳喂养、共餐、哄睡和共同游戏等。每当孩子需要母亲时,都能及时看到她,无论做什么都有母亲提供的安全环境,自由地按照自己的想法玩耍是最理想的状态。在这一阶段,鼓励和夸奖孩子可以滋养亲子关系,只要不危及生命安全,尽量避免在孩子面前争吵以建立规则。

以上观点得到了美国心理学家哈洛的恒河猴实验的支持。实验中,新生小猴子被带到实验室,面对铁丝猴妈妈和绒布猴妈妈,尽管奶瓶挂在铁丝猴妈妈身上,小猴子吃完奶后总是跑向绒布猴妈妈。实验后期,这些小猴子变得胆小孤僻,失去了社交和生育能力。后续实验通过改变条件,让替代猴妈妈拥抱并与小猴子玩耍,结果这些小猴子长大后基本正常。实验结论表明,拥抱、喂奶和互动玩耍对猴子的健康成长至关重要。这解释了为什么自然界中的猴子总是依偎在母亲身边,因为这样它们在遇到危险时可以立即寻求保护。在我们的咨询案例中,成年人也常常渴望得到母亲的爱,即使是一个拥抱也能产生很好的疗愈效果。许多人会担心错过了建立安全感的时期,但其实每周回家与母亲拥抱可以获得力量,或者通过冥想音频与母亲建立内在联系,同样能感受到力量。

3. 家庭氛围

家庭氛围同样影响一个人的安全感,尤其是童年时期。如果父母经常在孩子面前争吵或暴力相向,会让孩子产生极大的不安全感。每次家中争吵,孩子就像处于两个风暴中心,随时可能被卷入深渊,自然充满恐惧。我们常将家比作港湾,港湾的作用是避风和补给。如果家中总是争吵,孩子不会感到家是避风港,反而会觉得风雨都是父母带来的。很多案例显示,孩子不想结婚是因为目睹了父母不幸的婚姻。补给不仅是物质上的吃饱穿暖和基本的教育条件，还包括精神上的补给，如夸奖和鼓励。相反，总是批评、否定和高压控制的家庭氛围会消耗能量或激起反抗，导致家庭不和。母亲的情绪需求应得到特别关注，爸爸对孩子最好的爱是爱妈妈，妈妈从爸爸那里得到足够的爱就能更好地养育孩子。《道德经》有云："父爱则母静，母静则子安，子安则家和，家和万事兴。"

鉴于大多数时候孩子是由母亲照顾，母亲应时时刻刻给予孩子鼓励。母亲的正向激励对孩子特别有效，比如，告诉孩子"你是独一无二的"，让孩子感受到被欣赏；"你是有价值的"，能激发孩子的创造力；"我相信你会成功"，给予孩子被信任的力量感，同时让孩子不断体验成功，带来价值感、喜悦感和满足感，浑身充满力量。

在必要时，也可以使用心锚来鼓励自己或他人，例如通过小摆件、一个激励自己的英雄形象或一句鼓励的话语。例如，我非常欣赏的一位助教老师的心锚是"龟大师"，他希望自己能像龟大师一样智慧地慢下来做事。我的心锚是一头虎鲸，高考结束后，我梦到一头鲸鱼被困在罐头瓶中，通过催眠练习打破了这个瓶子，鲸鱼游向了向往的大海。因此，虎鲸对我有了特别的意义，顺理成章地成为我们公司的 LOGO，成为关键时刻激励我前进的力量。建议每个人都可以为自己设定一个能激励自己做事的心锚，遇到困难时它将成为你坚持下去的动力，即使是那个希望"母凭子贵"的孩子，这个动力也会成为他前进的力量。

疗愈情绪可以通过情绪减压（如 EFT 情绪疗法）和提升内在力量（如借力法、撒金粉法）来实现。

一位 40 多岁的女性，每当遇到事情就会感到紧张和焦虑，颈肩总是紧绷，颈椎曲度很小。通过个案发现，她小时候经常被妈妈责骂甚至动手打，导致她害怕犯错、害怕让妈妈不高兴。因为害怕挨打，她总是处于精神紧张状态，导致浑身肌肉紧张，长期处于备战状态，脖子总是向前探，使得颈椎曲度消失。这是长达 40 多年的恐惧累积，即便是金刚之躯也难以承受。

为了帮助她释放浑身的紧张，我们使用了完整的 EFT 情绪疗法进行处理。具体步骤框架如下：

ETF 情绪疗法

一、选择主题：降低焦虑

二、强度评分：1～10 分

三、肯定语句设定

第一步，接纳情绪。正面情绪感受："现在我选择带着这份内在的平静，深深地爱并接纳自己。"

第二步：设定接纳语句："虽然我当下很焦虑，但我相信我可以让自己保持平静。"

四、敲击身体

短敲击：眉头—眼尾—眼下—人中穴—下巴—锁骨—腋下

长敲击：眉头（安全感）—眼尾（挫折感）—眼下（忧虑）—人中穴（压力）—下巴（压抑情绪）—锁骨（恐惧）—腋下（自尊/价值感）—拇指（悲伤）—食指（死板）—中指（压抑的性欲）—小指（受伤）—手刀点（脆弱）—广效点（不稳定）—头顶（愤怒）

示例：焦虑情绪

眉头（安全感）—锁骨（恐惧 肾脏）—腋下（价值感/值得感）—拇指（悲伤 肺脏）—头顶（愤怒肝脏）

边敲击以上情绪穴位，边念上方肯定语句。

五、等级强度再评估

再次对情绪感受评分，3 分以下代表情绪缓解。

通过借力法增强内在力量：想象你所崇拜的偶像（无论是某位老师还是佛陀）就站在你身旁，你可以用"带入"他身体的方式，就像穿上他的鞋子成为他那样，让自己备感有力量。或者想象他向你撒下代表你渴望特质的金粉，以此来增强你的内在力量，实现借力的目的。

若要恢复身心健康，关键在于从身体、情绪和思维三个方面着手。前文已经介绍了如何通过信念和情绪的调整来实现这一目标,另一个方法则是从身体层面出发。通过按摩特定的穴位,可以促进气血畅通,从而调整情绪。这种方法对于缓解因焦虑引起的失眠和烦躁尤为有效。第一组穴位包括安眠穴、风池穴、天柱穴、百会穴和天枢穴;第二组则包括膻中穴、巨阙穴、关元穴和涌泉穴。每组穴位建议按摩 36 次。

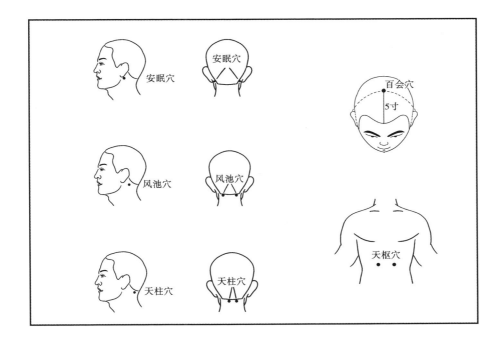

觉察练习:

尝试用 EFT 情绪疗法处理自己的焦虑情绪。

第二节　抑郁是压抑的愤怒

情绪的宣泄途径分为两种:一是对外攻击,二是向内攻击。抑郁通常是由于向内攻击而产生的。抑郁的形成过程大致如下:"想要—得不到"想要—得不到进而产生强烈的挫败感。随后,愤怒情绪涌现,但内心深处的信念提醒自己不应发泄愤怒，因此压抑的愤怒转而朝向自己。一方面，个体无法接受自己，不断内疚和自责，陷入情绪反刍的困境，无法自拔；另一方面，选择消极逃避，"我不玩了"，整个人陷入消极状态，感觉自己被整个社会遗弃。这种状态下，情绪持续低落，对任何事物都提不起兴趣，伴随着强烈的自我否定、无价值感和无意义感，甚至无缘无故地崩溃大哭。此外，个人功能受损，如记忆力减退、注意力不集中、容易分心、回避社交活动、不愿与人交流，对事情往往持悲观态度，存在灾难性思维等。还可能出现失眠、睡眠障碍、易疲劳、消化不良、胃溃疡、耳鸣、肩背腰痛等身体症状。

这种无法发泄愤怒的信念可能源自你耳熟能详的教诲，例如"有情绪自己消化""回家之前要把情绪丢在外面不能带回家里"。这些话你可能听过无数次，它们传达的信息是你"不应该"有情绪，更不应该表达情绪。因此，为了保持"好妈妈"或"好上司"的形象，你学会了压抑情绪。此外，反复的挫败感让你开始怀疑自己，失败的次数多了，心理阴影让你不敢再去争取自己想要的东西，无助和无力感逐渐侵蚀你，陷入低潮期，对任何事情都提不起精神。抑郁症是一种深刻的绝望感，如果再加上限制性信念扼杀了你利用资源改变现实的欲望。我们常说哀莫大于心死，心死了，谁也无法帮助你，因为你的内在失去了"生机"。生机可以是你的热爱、喜欢的人事物、实现某种目标的欲望或不懈追求的声望等，只要你有自己想要的东西，它就有可能成为你行动的动力。唯独当一个人无欲无求时，生机也就消失了。

攻击性实际上是一种生命力的体现。若不允许表达愤怒，就等同于剥夺了人的这种生命力，无法为自己发声，无法维护自己的权益，也就无法真正地做自己。保持积极的攻击性和斗志，在遭遇失败时能够鼓起勇气重新面对挑战；缺乏攻击性的人一旦失败就可能一蹶不振，放弃一切，选择逃避。

健康的心态应该是：情绪的宣泄是可以接受的，关键在于采取适当的方式；我能够获得我所渴望的一切，我坚信自己配得上所有的美好。除了改变思维模式，要从情绪的低谷中振作起来还可以做以下努力。

首先，不要陷入反复回忆和沉溺于负面情绪的循环中，停止"强化""喂养"这些消极情绪。

其次，将注意力从关注情绪转移到关注目标上，这需要两次注意力的"换框"。方法是，如果某人深陷情绪的困境，可以尝试第一次换框，询问他："我理解你所经历的一切，你希望有什么不同?"这样便将注意力从情绪困境转移到了未来想要的目标上。如果他能够清晰而生动地描述出"未来想要什么"，那么恭喜你，第一次换框成功了，你已经成功将他的注意力引导到了未来目标上，而未来本身就是一种资源。第二次转换可以问他："为了实现你的目标，你打算如何去做?"如果对方开始思考如何实现的方法，那么他的注意力就被成功引导到了思考实现途径上。只要他有了行动目标和计划，就有力量有选择而不至于困在情绪的坑里出不来。只要他开始行动，无论方法如何，都比停留在受害者情绪中抱怨他人更有用。否则，我穷我有理，停留在那里指责别人不能解决任何问题。只要我有选择，我就有路可走;只要我选择主动行动，能够为自己的选择承担责任，我就是有力量的。

关于情绪的释放，有两种重磅方法推荐:一个是昆达里尼瑜伽，通过早晚各60分钟的情绪释放，在打开身体的同时促进多巴胺分泌，能有效改善睡眠。另一个是圣多纳释放法，如果你一直有慢性身体疼痛，对外貌体重不满意，可以尝试以下练习。

圣多纳释放法

第一，你是否相信"释放情绪有助于身体健康"? 如果你的回答是肯定的，请继续下一步;如果你对此持怀疑态度或不愿意接受改变的可能性，那么你可能无法继续进行后续的练习。

第二，接受并肯定自我。我能否放下对自身某些方面的不认同? 例如，接受自己腹部较大，我爱自己身体的每一个部分，不会嫌弃大腿粗。用我最深的爱意去表达对身体各部分的感激之情，感谢它们一直以来对我的支持。完成对一个部分的感谢后，再转向另一个部分，继续表达你的爱意和感激(重复此过程)。

第三，放下对生病原因的过度纠结，专注于如何让自己康复。不要深究为何生病，也不必一定要找到一个可以责怪的对象。只关注如何让自己恢复健康，即使发现与原生家庭有关，也只是浅尝辄止，了解相关性即可，将焦点放在如何让自己康复上。

第四，放下对疾病标签的固执认同。首先，不过度认同他人给予的标签。同时，不执着于过去，不要抱有"如果能重来一遍就好了"的信念，遗憾就是遗憾，学会珍惜当下，拥有翻篇的能力。就像你攀登中山陵，抬头望去全是"台阶"，到达顶峰后向下看，全是"平台"，只有走过它们，才算成长，回头看，一切皆是坦途。

第五，放下身体的病痛。首先关注自己的感受，然后将情绪进行分类（寻求认同、希望控制、生存恐惧），即将你的情绪归类到上述三种之一。你会发现自己内在的需求是什么，为何会产生这样的情绪，最后允许自己放下，情绪自然就会消散。

在练习时，如果你一开始无法进入状态，可以多尝试几次，在心非常宁静的时候进行效果更好。

此外，也可以通过按摩两组穴位来缓解抑郁情绪，一组包括天柱穴、膏肓穴和涌泉穴，另一组包括巨阙穴、安眠穴和劳宫穴。

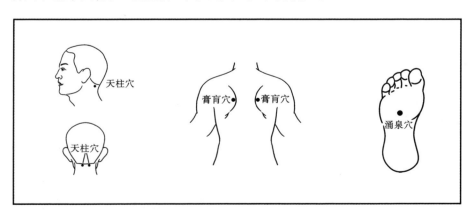

觉察练习：
使用圣多纳释放法来减轻体重或缓解疼痛。

第三节 强迫来源于不相信自己

强迫症不仅与个体对周围人追求完美、高标准的要求有关,还与深层的不安全感紧密相连。由于不安全感,个体试图通过各种方式来控制环境,一旦控制失败,他们往往不会选择放弃,反而会更加努力地尝试控制,这导致了大量无效但反复出现的强迫性思维(例如无休止的思考)和强迫性行为(如反复检查、清洗、计数等)。在心理咨询服务中,强迫型仪式行为较为普遍,例如进入房间必须绕一圈,走路时必须踏过每个格子,若遗漏则必须返回补上一步,或在关闭门后反复推拉以确认门已紧闭,认为别人触摸过的物品不洁净而反复洗手。这些行为旨在确保安全和控制结果,内在信念是"如果我没有做,将来会后悔;如果我做了但结果不好,至少我已经尽力了",通过这种思维来减轻内疚和自责,但结果往往适得其反,被这些行为束缚。此外,一些人表现出强迫性内省和过度自责,无论发生什么,都归咎于自己,总认为自己做得不够好。因此,强迫症的内心独白往往是:我做得不够好,所以我反复验证。

一、强迫症的成因

强迫症的成因是多方面的,与强迫性人格特征、压力性生活事件、家族遗传倾向以及丘脑神经功能异常等因素密切相关。

具有强迫型人格的个体通常表现出强烈的不安全感、追求完美、行为刻板以及固执且缺乏灵活性的特点;他们所面临的压力事件通常与亲人突然离世或特殊事件相关;研究表明,有强迫症家族史的人群患病率可能是普通人群的4倍,而那些对孩子施加严格要求的家庭也往往表现出强迫性人格特征;强迫症的生物学基础可能与丘脑的病变有关,同时也与五羟色胺、多巴胺和谷氨酸等神经递质的功能异常有关。

强迫症的易感人群包括父母、同胞、子女，若有人患有强迫症，其他家庭成员也易受到影响；儿童时期经历过创伤性伤害，如性侵、虐待等；那些在日常生活中追求完美、遵循固定模式、性格固执、注重细节，甚至将生活琐事"程序化"的强迫性人格者；长期过度从事高强度脑力工作或生活在巨大压力下的人群。

想要洞察一类人的内心世界，只需观察他们的恐惧和防御机制。强迫症患者的核心恐惧在于犯错和被批评，因为这会破坏他们追求完美的形象。然而，矛盾的是，他们往往对他人持有挑剔的态度。他们遵循的强迫性仪式或秩序感，旨在预防灾难的发生。他们内心深处的对话是："只要我按照既定标准行事，即便结果不尽如人意，也能减轻因未采取行动而产生的焦虑。"

那么，他们为何如此害怕犯错和受到批评呢？以下给出四个原因。

一是犯错会引发自卑感，内心独白可能是："如果我让你失望了，我会感到愧疚和自责。"

二是犯错会让人失去道德高位，意味着失去了"道德清白感"，从"好人"变成了有污点的"坏人"，因此会极力避免犯错。

三是负罪感会导致自我惩罚，犯错后不原谅自己，会进行自我攻击和惩罚，或者无意识地把事情做错，让自己不成功，让自己错过机会。

四是犯错会让人失去控制权，因为一旦有了把柄，就必须听从他人，完美主义者绝不会允许这种情况发生。完美型人是极力避免失败的人，他与追求成功的人在注意力的焦点上存在差异。追求成功的人专注于"如何完成任务"，愿意挑战难度为50%的目标；而避免失败的人则关注"如何不失败"，倾向于选择毫无难度或难度为100%的任务，要么确保不失败，要么即便失败了，也能因为难度极高而保全面子。简单说，成功者在追求成功，失败者在避免失败。从成就动机理论（麦克利兰、阿特金森）看，追求成功的人会因为"增加成功的可能性"就已经是最好的理由。而避免失败的人认为比成功更重要的是保护自己的自尊，让自己不受失败之苦。

据最新调查数据显示，我国强迫症患病率是1.63%，约2200万人。强迫症平均发病年龄约为 20 岁,约有 2/3 的患者症状起病于 25 岁前,只有少数患者起病于 35 岁后。女性患病率要稍高于男性。虽然患者中仅有 10% 明显缓解,30% 时好时坏,60% 则病情加重,但这 10% 的缓解也可以给来访者带来希望。

二、改善强迫行为

基于上述分析,改善强迫行为的策略可以从以下四个方面入手。

1. 改变信念

从"我不够好"转变为"虽然我不完美,但我依然值得被爱和接纳"。学会接受自己的不完美,并活出自己的风采。那些只能接受赞美、无法接受批评的人,往往持有"非黑即白"的思维模式,一旦感受到否定,便容易情绪失控,这实际上是一种缺乏成熟度和宽容心的表现。例如,有一位男士,每当事情未达预期,便会有过激的情绪反应。这种行为源于他从小被父亲的持续否定和苛责,导致他对批评异常敏感,动辄与人争执,陷入人际关系的困境,最终无人愿意与他合作,只能独自带领一个部门。

2. 增强安全感

鉴于不安全感是强迫行为的人格基础,提升安全感成为克服强迫行为的关键。增强安全感的方法包括通过冥想练习与母亲建立情感链接,从而获得力量感。在家中提升自己的受欢迎程度也有助于增强安全感。此外,通过自我关爱和鼓励,提升自我价值感和配得感,也能增强安全感。自我关爱不仅意味着照顾自己的情绪,让自己开心,还包括接纳自己的一切,以及不苛责自己。只有当你足够爱自己时,才能赢得他人的尊重和爱。如果你都不认为自己值得被爱,那么别人也不会尊重和爱你。

3. 在家中设立情感隔离屏障

强迫行为往往具有家族性特征。如果你的父母控制欲极强,你辛苦建立起来的安全感可能瞬间崩塌。这也解释了为什么强迫行为的治愈率仅有约 10%，而 30% 的情况是时好时坏，另外 60% 则是症状加重。切勿低估母亲的力量，她可能会通过生病、道德绑架等手段让你感到内疚，从而让你无法自由地生活。例如，一位 40 多岁的女性，尽管与母亲生活在不同城市，但每次接到母亲的电话都会感到恐惧，担心说错话而遭到批评。每次与母亲通话前，她都需要哭一下，做好心理准备才有勇气拨通电话。因此，在你尚未完全疗愈或力量不够强大之前，建议采取一些物理隔离措施，并在心理上与父母保持适当距离。如果母亲来电，可以告诉她你正在接受治疗，在康复之前，你将减少与她的通话。

4. 警惕上瘾行为

追求完美的人容易对纠正他人的错误上瘾，一方面为了显示自己的高明，另一方面为了避免被他人挑剔。此外控制欲强的妈妈可能会对生病上瘾，成为那种四处求医却总不见好转的"职业病人"，比医生还懂得多，却从不让自己康复，以此确保你的顺从。例如，一位 60 多岁的女性，为了帮助儿子进行个案治疗，主题是儿子找不到女朋友，原因是人家认为他很幼稚。在咨询过程中发现，瘦弱的母亲总是让自己生病，儿子因此要急忙回到妈妈身边照顾她，内心保持着一个顺从小孩的形象，这是妈妈控制孩子的方式。通过幽默的提醒，"如果继续生病让儿子照顾你，他没时间交女朋友你就没法做奶奶了"，妈妈终于停止了装病的行为，解放了孩子，让他可以有自己的生活。

上瘾本质上是压抑情感、伪装恐惧的手段，通过沉迷于某种行为来避免面对当前的问题，将注意力转移到其他事情上，从而不必直面内心的恐惧。恐惧是对心灵的限制，要学会接纳自己的不完美，经常自我暗示："我深深地爱着并接纳不完美的自己"，不是追求完美，而是做一个完整的人。因为"完整就是爱"，完整意味着我接纳了我的每一面，不排斥、不对抗、放下对抗，内在就和谐了。放下对抗，整个人也会变得柔软和放松，真正的内心强大是从放松开始，这是我爱自己最浪漫的方式。

觉察练习:

检视自己是否有强迫倾向? 如果有,应如何改善?

第九章　愤怒情绪引起的身心疾病

如前所述，"怒伤肝、喜伤心、思伤脾、悲伤肺、恐伤肾"，那情绪到底是如何影响身体健康的呢？《素问·阴阳应象大论》曰："人有五脏化五气，以生喜怒悲忧恐。"也就是五脏化五气，五气又生五志（五种情绪），通过气的"升降出入"对外部环境变化做出相应情绪反应，正常情志活动的产生依赖于五脏精气充盛及气血运行的畅达，可如果情绪失调就会导致气机紊乱而生病。《素问·举痛论》就有类似的说法："……百病生于气也，怒则气上，喜则气缓，悲则气消，恐则气下，惊则气乱，思则气结。"而这其中，心与肝发挥着非常重要的作用，脏腑之气的升降出入，受心神的调控，《类经·疾病类·情志九气》曰："心为五脏六腑之大主，而总统魂魄，并该志意。故忧动于心则肺应，思动于心则脾应，怒动于心则肝应，恐动于心则肾应，此所以五志惟心所使也。"可见一切起点都是"心乱了"，才会导致气机紊乱。心统神，而肝主疏泄，调畅气机，促进和调节气血运行，因而在调节情志活动，保持心情舒畅很重要。

从本章开始，我们将分别探讨情绪中的怒、喜、忧、悲、恐等不同类别，分析它们如何导致相关脏器疾病的心理因素及相应的干预措施。

众所周知，愤怒会伤害肝脏，而肝脏又是储存愤怒的地方。如果肝胆不能及时排毒或疏泄，不能调整情绪以保持气血通畅，就极容易导致肝胆疾病和眼睛问题。

第一节　愤怒和怨恨导致的肝部问题

导致各脏器功能障碍的因素主要有生理和心理两大类。肝炎的病理性种类包括病毒性肝炎、酒精性肝炎、药物性肝炎以及由免疫力低下引起的肝炎等。在病毒性肝炎中,乙型肝炎最为常见且传染性最强;酒精性肝炎通常由过量饮酒引起;药物性肝炎则因过度服用药物导致肝损伤;而免疫力低下引起的肝炎,与肥胖、脂肪肝、糖尿病等未得到良好控制有关。

肝脏是情绪愤怒的储存地,肝火旺盛易导致脾气暴躁和情绪性失眠,进而影响造血功能;而压抑情绪可能导致气滞血瘀,因此保持心情舒畅至关重要。接下来,我们将探讨通过理解发病的心理机制来找到调整情绪的方法。

在中医学中,肝病属于黄疸范畴,其典型症状包括皮肤蜡黄、营养不良、厌恶油腻食物以及看见油腻食物时干呕。这些症状反映了对外界的厌恶情绪和缺乏爱的滋养,其心理根源在于对外界的排斥、抱怨以及缺乏爱的滋养。对外界的排斥源于内心的诸多评价标准,导致看不惯的事物增多,容易引发怒火;抱怨是,一种"责他"模式,通过抱怨让自己不面对问题的责任模式。如果得肝炎是孩子长期得不到抚养人的滋养,心理压抑会导致身体上的营养不良。

对于肝炎黄疸患者来说,思维的转变是至关重要的:心灵的纯净与自由意味着选择敞开心扉,主动寻找爱。当意识到周围充满爱时,自然无须抱怨。放下内在的偏见,转而对所有人施以宽容、同情和爱,包括对自己,这样解放了内在思想,也就解放了身体。

一位 25 岁的女性,患有乙型肝炎。她在医院接受干扰素注射治疗长达100 天,度过传染期后前来咨询。在咨询过程中发现,患者的妈妈是一位强势的领导,经常在家大声训斥孩子,导致患者情绪波动剧烈,内心纠结,对人对事持有较多偏见。妈妈对某些人和事的轻视态度在患者身上也有所体现。长期的情绪压抑最终引发了肝炎，患者呈现出营养不良的外貌，年纪轻轻却像中年女性一样脸色蜡黄、身材干瘦。她初中时期就曾经历过一次肝炎，这是第二次复发。

通过这个案例，我们希望患者能够认识到持续复发的问题与内在积压的情绪有关，并希望患者与妈妈能够调整彼此的相处模式。

首先，从心理维度分析，肝炎的根源在于愤怒和长期的怨恨。这些愤怒可能源于无法表达的委屈、关系中的牺牲、未被满足的需求以及被冒犯的愤怒。特别是对于肝火旺盛、气量小的人来说，愤怒是一种"没招儿"的情绪急救方式，他们试图通过愤怒来增强自己的力量，或通过歇斯底里来发泄情绪，这都是内在能量低下的表现。

提升内在力量的方法包括接纳父母、接纳原生家庭、拥抱内在的自我、给予自己鼓励等。这是一个与父母和解、与自己和解、与过去和解的过程。只有和解并放下所有的对抗和执着，整个人才会放松，心灵自由了，人也就自由了！这个过程可以通过咨询个案来清理情绪障碍，也可以通过情绪工作坊进行情绪清理，或借助昆达里尼瑜伽来释放压抑的情绪。

额外增加一些调理肝病的自助方案，比如可以通过运动、饮食、音乐等多方面进行改善。

首先，在运动方面，对于因免疫力下降而患有肝炎的患者，通常会感到乏力，不愿意进行过多的体力活动。在病情发作期间，应适当休息，待转氨酶水平降低后，再逐步开始适度的运动。

其次，在饮食调整方面，肝炎有时与营养不良有关。建议增加鸡蛋的摄入量，以获取高质量的蛋白质和卵磷脂，鱼类也是蛋白质的优质来源。蜂王乳和蜂蜜主要提供果糖，而蘑菇则富含氨基酸和维生素。此外，每天饮用朱雀汤，既能补气又能清热，有助于疏泄肝气。

最后，关于五音疗愈，《黄帝内经》中有"百病生于气而止于音"，《卫生宝鉴》中有"心乱则百病生，心静则万病息"的论述。《说文解字》对"音"的解释是"音，声也，生于心，有节于外，谓之音"。篆书 的字源显示"音"与"言"同源，在甲骨文的"言"上加上几点，即"音"是"言里的心声"。《礼记·乐记》中也有"凡音之起，由人心生也"的描述。"五音对五脏，五调对五行"，五音中的宫商角徵羽分别调养不同脏器的功能，例如土音宫调主养脾，金音商调主养肺，木音角调主养肝，火音徵调主养心，水音羽调主养肾。个人经验，每次心不静时，就听禅乐《虚静》，很快就能平静下来，这首曲子就如同"虚静至极则道居慧生"一样，具有深刻的内涵，能够安抚心神。每天可以利用早晚时间多在五音直播间聆听 30 分钟，情绪会有显著的改善。

觉察练习：

我是否总在抱怨事情不顺，总是归咎于他人？

我是否对他人抱有敌意，感受不到任何爱意？

我是否能找到让自己开心的方法，并且为此做出过努力？

第二节　压抑愤怒导致的乳腺及子宫问题

既然肝脏隐藏着许多愤怒，那么"肝经藤上四个瓜"——乳腺、子宫、甲状腺和淋巴——也不会幸免于难。你是否也常听到这样的话："忍一忍，乳腺增生；让一让，子宫肌瘤。"这句话揭示了疾病与情绪之间的联系，指出乳腺问题往往与压抑的怒气有关，而子宫问题则与内心的委屈和怨恨相连。

一、乳腺问题多源于过度牺牲自我

"情绪致癌"是国际医学界公认的观点，压抑的愤怒情绪会成为乳腺增生、乳腺结节和乳腺癌的首要致病因素。

妈妈的角色使女性在怀孕和养育过程中付出了大量心血和努力，因此"母性"天然具有牺牲精神，这也成为导致乳腺问题的心理根源：一方面拒绝自我关爱，将他人置于自己之上，过度关心和保护他人，或过度忍耐；另一方面，正是这种自我牺牲和过度付出，母爱转化为过度保护和控制，激起孩子的反抗，导致关系失衡引发抱怨，当妈妈感觉孩子失控时，不是寻求平等的解决方案，而是通过唠叨、道德绑架、哭诉甚至让自己生病的方式来加强控制。孩子不会轻易屈服，于是各种叛逆行为轮番上演，妈妈被孩子气出病来的可能性大大增加。

这里要引导妈妈看见自己，凡事要有边界，过度付出会导致关系失衡，付出得不到回报会产生抱怨，长期积怨会攻击身体健康。健康的信念应该是：我很重要，我有价值，我用爱来滋养自己，我是安全和自由的。允许自己做自己，允许别人做别人，情出自愿，事过无悔，即不为他人过度付出，也不因为付出就控制他人成为自己想要的样子，少了很多相爱相杀的纠葛和羁绊。

怨恨是导致肿瘤和各种肿块的主要原因之一，尤其是针对父母、伴侣等长期关系中的怨恨。这些情绪随着时间的积累，逐渐从无形转化为有形的肿块和结节。

一位40多岁的女性客户，身材干瘦。由于夫妻关系长期紧张，谁也说服不了谁，吵架成了家常便饭，乳腺出现问题后她坚决要求切除乳房。这引起了爱人和孩子的强烈反对，但她坚持要做手术。实际上，她这样做是对长期怨恨爱人的报复，通过切除乳房来排斥与爱人的亲密关系。咨询过程中，引导她看到身体是自己的，她有权利和能力保护自己，也有权利拒绝他人，不必通过伤害自己的方式拒绝他人，即使切除也是出于必要，而不是赌气。

首先，一念之转天地宽：我愿意放下过去，用快乐充满生活，我爱我自己，我赞同我自己。一切的选择原点都是为了爱自己。

其次，可以做一些行为上的调整，具体如下。

1.学会自爱

关照自己的情绪，不再将他人置于自己之上，也不过度牺牲自我。注重营养均衡和定期锻炼，出差时选择清淡、不易上火的食物，保持七分饱。每周坚持锻炼 2～3 次，无论是跑步、举重还是其他有氧运动，抑或对于体弱者而言的站桩、八段锦、冥想，选择适合自己的锻炼方式。

2. 尊重自己的意愿

不强迫自己做不愿意做的事情；尊重自己的感受，不过度委屈自己、忍让或迎合他人。为了提升自我价值，可以对自己说：我的心意最珍贵，绝不轻易妥协。

3. 停止自我责备

不要总是觉得自己这也没做好，那也没做好，频繁的自责和内疚会束缚我们，导致不断的失误、犯错、生病。因为内疚感会驱使我们自我惩罚，所以要停止责备自己，欣赏自己做得好的方面。

4. 关注自我成长

不断学习新知识，拓展自己的视野，比如学习心理学以更好地照顾自己的情绪，或者与固定的伙伴定期进行情绪清理。在许多个案中，女士们在哭泣之后整个人焕然一新，我常开玩笑说这是女性的美容院、孩子的加油站。不再被情绪压垮，每个人都能展现自己的光彩。

5. 经济独立

无须伸手向他人要钱，从而避免受制于人，自由地追求自己所爱。经济独立是人格独立的基础，而内心的充实才是真正的富足。

6. 认同女性身份

如果内在排斥女性身份，可以自我暗示：我选择珍爱自己，也欣然接受女性身份。也可以尝试欣赏女性特质，并寻找女性榜样，模仿其行为。有时候榜样的力量真是无穷的，杨澜曾经的一句话就对我影响深远，她说自己很幸运能成为妈妈，那是离天堂最近的地方，因为孕育了生命，孩子与妈妈之间那种血浓于水、心有灵犀的体验是爸爸体验不到的。听到这番话时，突然感觉做女性真好。

此外，运用呼吸技巧来调节情绪也是一个很好的方法。当你感到心烦意乱时，不妨尝试446呼吸法，帮助自己恢复平静。这是一种简易的静坐呼吸练习，首先找到一个安静的场所坐下，全身放松。接着，缓缓吸气，并在心中默数到4，确保气流深入腹部的丹田区域。随着气息的下沉，身体会逐渐放松，肩膀也会随之下降。当腹部吸气达到最大时，屏住呼吸4秒钟，然后慢慢呼出，同时心中默数到6，确保将吸入的空气完全呼出。整个过程中，保持脊柱直立，尽量使吸气和呼气达到最大深度。深呼吸有助于全身放松，改变浅快的呼吸模式，帮助你平静下来，这是重启身心最简便的方式。

二、子宫肌瘤多来自长久的怨恨

多年的心理咨询实践揭示，子宫问题常常与女性对自身性别角色的认同、与母亲的关系、与伴侣的关系以及对性的个人看法紧密相关。

在家庭中遭受性别歧视，不认同自己的女性身份，可能会导致痛经的困扰；与母亲关系紧张，同样可能面临痛经或子宫盆腔问题，这反映了对生命的对抗；若认为性器官不洁净，对性生活感到羞耻或罪恶，妇科病可能频繁发生；对伴侣怀有长期怨恨，可能会增加各种炎症和子宫肌瘤的风险。

子宫肌瘤的心理根源往往与对伴侣的怨恨、憎恨有关，无论是对性伤害的耿耿于怀，还是对男性的怨恨，都可能增加患子宫肌瘤的风险。如果你坚持认为保持怨恨比原谅他人更容易，那么肿瘤可能会持续复发，因为导致肿瘤的怨念并未消除，疾病就会一再复发。常见的不良情绪如下。

1. 怨恨情绪

经历多次流产或堕胎的女性往往情绪更为强烈。多次流产不仅对身体造成伤害，还会破坏夫妻关系，每一次堕胎都会使女性失去一部分作母亲的资格，这些怨恨加剧了家庭的不和谐。

2. 厌恶情绪

有些案例显示，女性在面对性伤害时选择隐忍，既无法反抗又羞于表达，会因为孩子或家族的面子等原因而无法离开加害者，所以当男性靠近时，她们感到很厌恶，于是让自己生病，其心理根源是：我生病了，我可以理直气壮地拒绝你靠近我了。这是身体在替自己说话。

3. 罪恶感

在某些情况下，女性由于未婚先孕或在分手后选择终止妊娠，可能会产生强烈的内疚和罪恶感，难以宽恕自己。这种罪恶感会寻求自我惩罚，让自己不健康，好时时提醒自己犯过的错，不放过自己的代价是牺牲子宫、卵巢等生殖器官的健康。

4. 羞耻感

有些女性与男友同居后，最终未能携手共度一生，她们感到自己吃了哑巴亏，无处诉说，只能默默承受这种不公，内心充满委屈和自责无法消化，继而转化为攻击自己的武器。甚至在与未来的伴侣结婚时，她们仍觉得自己不够纯洁，不配得到对方的爱，长期被内心的羞耻、不配得感和不值得感困扰，最终这种长期的压抑情绪会引发子宫出问题。

若想摆脱上述心理问题，可以尝试从转变信念和清理情绪感受着手：

首先，停止"真实的本我、自我、超我"与"道德的本我、自我、超我"之间的内心冲突，不受道德观念和宗教信仰的限制，不再自我责备。当你感到受够了时，告诉自己："是时候原谅自己了。"毕竟，没有人是完美的，犯错在所难免。重要的是跌倒后要勇敢地站起来，承认错误并勇于面对，这样才能拥有翻篇的能力。

其次，我选择放下对伴侣的怨恨，活出真实的自己。无论处于何种情况，都要勇敢表达自己的想法，即使不被接受，至少传达了自己的心声。清理被压抑的情绪可以采用前文提到的任何一种方法，也可以通过打枕头的方式发泄，尽情流泪释放情绪。放下对他人的过度期待和改造控制的念头，但若对方对你的身心造成伤害，要敢于说"不"，并借助家人或法律手段保护自己的安全。如果不清楚自己处于何种困境，可以寻求心理咨询师的帮助，借助其专业视角帮你看到更广阔的系统视野，引入资源以解决问题。

最后，每天进行积极心理暗示的练习，以促进自身健康，具体如下：

（1）我珍爱自己的身体，享受健康带来的美好。

（2）我的心脏充满爱意，我的血液里流淌着快乐因子。

（3）我选择内心的宁静与安宁，为自己营造一个和谐的内在环境。

（4）我以爱祝福我所摄入的每一口食物，饮用天然纯净的水。

（5）我通过锻炼不断享受身心放松的愉悦。

（6）我每晚带着爱意入睡，清晨愉悦地醒来。

（7）我用充满爱意的目光看待世界，带着同理心去倾听，去感受一切美好。

三、甲亢是压抑被忽视的愤怒

近年来，甲亢患者的数量显著上升，这与女性地位的提升以及她们不愿再忍受被忽视的情况密切相关。

一位40多岁的女性，自幼在家中遭遇性别歧视，父亲对她的态度与对弟弟截然不同，总是偏爱弟弟而忽视她。成年后，由于父母的轻视，她的弟弟和弟媳也对她缺乏尊重。在婆家，她的爱人也不站在她这边，导致她的哥哥和弟弟虽然经济条件较好，不愿照顾年迈的父母，而她尽管经济条件一般，却多年辛苦照料，却得不到任何帮助或经济支持，她的付出被完全忽视。长期的愤怒和压抑无法释放，最终导致她患上甲亢，脾气变得异常暴躁，心跳加速，误以为心脏出了问题，动辄大汗淋漓。在咨询过程中，可以观察到她的应对模式：要么逃避现实，寄希望于来世，要么借助佛教的高远境界来压抑问题，结果是身体为此付出了代价。

面对被忽视的情况，应该勇敢地表达自己的感受，例如向弟弟要求："我感觉你们并不尊重我。"而不是期望已经70多岁的父母来解决这个问题。作为成年人，我们应该学会自爱，为自己设立界限，只有内心仍像孩子一样依赖父母的人,才会需要父母的帮助。

觉察练习:

你是否曾经通过自我牺牲来束缚他人?

你是否因为压抑情绪而导致身体健康问题?

第三节　压抑愤怒情绪导致的视力问题

眼部问题主要有视疲劳、视力减退和眼部病变三大类,其成因既包括生理因素也包括心理因素。

一、视疲劳

由于精神紧张、疲劳、失眠以及长时间用眼导致的视疲劳,表现为视物模糊、眼睛干涩、流泪等症状。缓解视疲劳的方法包括按摩、饮食调整和心理调节。

在饮食方面,推荐饮用枸杞明目茶。具体做法是:睡前将 10～15 克枸杞放入非金属杯中,加入热水后盖上盖子,放置于床头,让其浸泡一整夜,第二天早晨起床后饮用。

在心理调节方面,应尽量减轻精神压力,避免眼部紧张。当眼睛过度用力注视眼前画面时,眼睛的神采就会减弱,眼睛的调节能力也会因缺乏弹性而容易感到疲劳。此外,在用眼习惯上,应减少刷手机和看电子屏幕的时间。即使必须使用电子设备,也应控制时间,避免眼睛过度疲劳,出现疼痛、干涩和流泪等症状,这是眼睛在提醒你需要休息了。

二、视力减退

视力减退是指眼睛功能的减退,一般表现为视力模糊。造成视力模糊的原因也多种多样,如炎症、屈光不正、斜视、弱视等。其中屈光不正主要包括近视、远视、散光、老视等。

从生理学角度分析，近视与长时间过度使用眼睛、熬夜使用手机等不良用眼习惯紧密相关，这导致眼球晶状体前后径过长，使得成像无法精确地落在视网膜上。

在心理因素方面，近视可能与对未来的恐惧有关，而远视则可能与不想面对近处的事物有关。这一点充分阐释了为何那些对学习抱有兴趣且具有天赋的孩子，通常比那些仅限于死记硬背的孩子近视概率更低。实际上，是孩子的心理在起作用，导致近视可以看作是一种对学习的无意识逃避。因此，意识到这些潜意识的思维并改变它们至关重要。对于近视，健康的信念是：我对未来充满希望，我感到安全，我有能力清晰地看到远处的目标，这有助于缓解近视症状。对于远视，健康的信念则是：此时此刻我是安全的，无须逃避到未来，我能够清晰地看到眼前的事物。

针对视力下降，有两组穴位可以帮助缓解症状。一组是瞳子髎穴、少泽穴和曲池穴；另一组是液门穴和中渚穴。按压这些穴位时，如果感到麻感，每个穴位按压 36 下或 72 下均可，根据个人感受来选择。饮食方面，可以饮用枸杞明目茶，建议睡前泡好，醒来后饮用，长期坚持效果更佳。

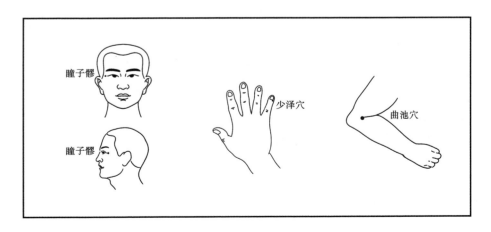

三、眼部病变

如白内障、青光眼、角膜炎、干眼症、红眼病等，通常是由于眼部神经受损引起的。这些病变也与心理压力有关。

一位67岁的女性，患白内障3年，对儿子儿媳很多做法不满，对爱人没按照自己的意愿管孩子也不满，于是每天唠叨不想看到这些人，又不得不每天面对这些人，得了病后总是说"我看不见"，再也不用看清儿媳和老公了，从此一劳永逸。经咨询后做了白内不仅仅手术，去学习黄帝内经，不再只盯着孩子们了，关注自己的身心健康，开心快乐，眼睛也好了。

患有白内障的人看世界仿佛隔着一层薄纱，他们内心的声音是："我无法看到快乐，未来对我来说是黑暗的。"而拥有健康心态的人则会说："我是快乐的，我选择积极面对。"前者是被动地接受现实，而后者则是积极主动地做出选择。主动选择意味着拥有行动的意愿，而被动接受可能会带来一种"不得不"的感受、一种被强迫的感觉。她们选择让自己"眼不见为净"，看不见之后，心理上也就得到了宁静。

青光眼常与情绪波动相关联，因为愤怒可能会导致眼压升高。持续的怨恨也会产生一种对抗的力量，导致眼睛向外突出，呈现一幅气鼓鼓的样子。

干眼症与青光眼在某些方面有相似之处，两者都可能源于以愤怒的目光看待世界。如果能够转变思维，用爱和温柔去观察周围，症状可能会有所缓解。因为只有放下愤怒和对抗，我们才能以充满爱意和温柔的目光去看待世界。

一位65岁的女性，患有青光眼超过10年，对女儿的婚姻状况一直感到不满。女婿的行为确实令人失望：他常常饮酒后回家施暴，或在外面与人斗殴。离婚后，他拒绝支付抚养费，尽管妻子的家庭条件远比他好。更令人气愤的是，他再婚后娶了一个年纪小很多的妻子，并在熟人面前炫耀，似乎在传递这样的信息："你不要我，我离了婚照样能娶个更年轻的。"老太太对这个女婿的所作所为感到极度愤怒，多年来无法原谅他，逢人便数落他的不是，几乎到了疯狂的地步。她年轻时地位显赫，无法忍受这样的女婿败坏家族名声。尽管青光眼接受过多次治疗，但病情反复发作，老太太深陷于面子问题中无法自拔。经过咨询，她首先接受了现实，承认自己过去看错了人，选择了这样一个无赖。同时，她从内心进行了隔离，离婚后女婿就不是自家人了，而是专注于如何照顾外孙，用温柔的目光看着孩子，渐渐地，她的青光眼复发率有所降低。

角膜炎和红眼病都与愤怒、沮丧的情绪紧密相关。红眼病在心理层面上表现为不愿面对某些事物，而角膜炎似乎更进一步，表现出一种既不愿看又带有攻击性的态度。对于红眼病，可以通过自我暗示来缓解：我爱护自己，我内心平静，我愿意宽恕并放下一切；对于角膜炎，则可以暗示自己：我允许爱从心底流出，治愈我所见的一切。这样，就不会因为不想面对的人和事而让自己生病了。

总体而言，当一个器官未得到适当的使用、使用不当，或在情绪影响下使用时，都可能引发问题。通过采取一系列措施，用新的思维和行动取代旧有的模式，形成新的习惯，可以实现根本性的转变。

觉察练习：

如果你有近视或远视问题，审视导致你近视或远视的原因，思考需要做出哪些改变。

如果你有愤怒情绪导致的眼部问题，请思考可能跟什么相关并列出来。

第十章　不开心情绪引起的身心疾病

第一节　长期过度压抑情绪,导致心血管疾病

前文提到"心统神",《类经·疾病类·情志九气》中说:"心为五脏六腑之大主,而总统魂魄……故忧动于心则肺应,思动于心则脾应,怒动于心则肝应,恐动于心则肾应,此所以五志惟心所使也。"可见以"心"为起点与五脏六腑的情绪感受相连,也就是五种情绪都受心的影响,这里的"心"统指感受,心跟不同情绪呼应都会有相应器官做出回应。人们可能会疑惑,既然"喜伤心",为何"不喜"也会伤心? 正如体寒并非仅因缺乏保暖,而是心寒所致,关键在于情绪体验的影响。心不仅指心脏本身,但长期的不快乐情绪确实可能导致心血管系统疾病,如高血压、心肌梗死、动脉硬化等典型病症。

心血管疾病的生理成因通常与肥胖、三高(高血压、高血脂、高胆固醇)、遗传、先天性发育缺陷、吸烟、酗酒等不良生活习惯以及药物副作用等因素有关。心理因素则多与精神紧张、压力过大、情绪压抑有关。心脏病往往攻击那些长期不快乐的人,因为拒绝接受爱与快乐,心脏会因缺乏"滋养"而变得脆弱。通常,心脏病患者可能表现出悲观、易怒的倾向。在当前繁忙的生活节奏中,似乎人们普遍情绪较为暴躁,而火的能量与心脏紧密相连,因此容易发怒,性情急躁、长期不快乐的人,尤其需要关注心脏健康。

一位70岁的女性,感到生活缺乏意义。她的儿子和女儿都面临着各自的困境,而她发现许多事情不能如她所愿。当她的子女建议她少担忧,多关

注自己的健康时，她会感到愤怒，并表示"你们不知道，你们生活不如意像压在胸口的一块大石头压的喘不过气来"。因此，她从40多岁起就患有高血压和心脏病。通过咨询，我们发现她性格急躁，坚持自己的意愿，若他人不顺从，她甚至会以死相胁。她的自恋倾向较为严重，缺乏自我反省的能力，这使得改变她的生活状况变得相当困难。尽管医护人员和心理咨询师愿意提供帮助，但能为她做的非常有限，她还常常抱怨别人无法给予她足够的帮助。

心脏作为关联情感的器官，情绪与心脏类疾病之间存在直接的联系。这些情绪往往源自深层的信念。接下来，我们将分别探讨高血压、心肌梗死和动脉硬化等疾病的心理成因。

1. 高血压

心脏象征着爱，而血液则代表着快乐。长期的不快乐可能导致高血压，这是因为持续的情绪压力增加了血管壁的负担，当这种压力超过血管的承受极限时，就会引起头疼、恶心等症状。血压过高还可能引发血管壁破裂出血，同时如果有血管狭窄的状况，会引起心肌供血不足或心肌梗死等问题。相对地，低血压可能与缺乏爱、失望或放弃的信念有关。了解这些病因后，我们便知道如何改善状况：保持心情愉悦，因为快乐是治疗高血压的良方。只有放松并扩张血管壁，减少压力，才能根本解决高血压问题。

2. 心肌梗死

心肌梗死的起因竟然是过分追求外在的地位和金钱，而忽视了内心的快乐，这是内心的贪婪在作祟。过分追求金钱，长期承受压力，容易感到疲劳，缺乏快乐的滋养，血管就容易发生堵塞。转变思维：将快乐装进心中，向所有人表达爱，追求快乐，不要总是沉迷于外在的追求而忽略了内心的喜悦。这提醒我们：不要让爱受阻，血液也随之受阻，不再为自己提供养分。奇怪的是，很多人只有在失去健康时，才会意识到没有健康，金钱和名利都毫无意义。

3.动脉硬化

动脉硬化是动脉血管失去应有的弹性，这是因为输送快乐血液的通道受阻。致病的信念是害怕接受快乐，如果转化为积极的心态：我热爱快乐，接受快乐，快乐的通道就会打开，柔软和轻松就会自然而然地取代硬化。

除了调整心态，我们还可以通过改变饮食习惯和增加运动等生活方式的调整来缓解压力。例如，目前治疗高血压的常见方法是长期服用药物以保持血压稳定。特别是对于那些同时伴有胃部不适和消化不良的高血压患者，建议每晚睡前按摩脚心 100 次，或者使用花椒水泡脚，坚持一个月。

饮食调节也是控制血压的重要手段。建议食用低钠食物，如冬瓜、南瓜、芋头等粗粮，以及苹果、菠萝、西瓜、木瓜等水果，这些都有助于降低血压。对于心悸、供血不足的问题，可以通过按摩巨阙穴、膻中穴、神门穴等穴位来缓解，并且应减少疲劳和剧烈劳动。

最终，务必运用五音疗法来疗愈身心，它能迅速改善情绪，增强幸福感。建议每天利用早晨和傍晚的时间，多花 30 分钟在五音直播间聆听，这有助于宁静心灵，调养身心。

觉察练习：

审视自己在哪些方面感到不满和不快乐。如果舍弃某些事物能让自己感到快乐，那么，哪些是需要舍弃的？请将它们一一列出。

第二节　生活的不快乐会导致贫血

贫血患者常常感到疲劳、缺乏活力、皮肤暗淡无光，且面色苍白。血液检测通常会显示红细胞、血红蛋白量和血红蛋白浓度等指标低于正常水平。贫血的成因复杂，生理因素与铁元素摄入不足、造血功能减弱、脾胃消化吸收不良有关，而心理因素则通常跟情绪低落有关。

铁元素的补充可以通过输注蔗糖铁溶液、服用硫酸亚铁等药物或使用生血宝颗粒。对于脊柱影响造血功能的情况，可以通过轻拍背部来刺激脊柱以激活造血功能。

提升脾胃消化吸收功能是另一个关键途径。过量进食会消耗大量精气，对脾胃造成负担，尤其是过甜、油腻或难以消化的食物，以及食用冷食都会加重脾胃的负担。俗语说："早餐是吃给自己的，午餐是吃给嘴巴的，晚餐是吃给大夫的"，形象地描绘了饮食与健康的关系。

中医认为"脾统血"，脾脏的统血功能依赖于"气"的作用，气是血的统帅，同时具有固摄作用。当脾气旺盛时，摄血功能正常；而脾气虚弱则可能导致脾不统血，出现腹胀、食欲不振、疲乏无力、面色萎黄、皮肤粗糙、眼干口干等症状。

在饮食调理方面，脾阳虚者适宜食用温补性食物，如牛肉、羊肉、鸡肉等；脾阴虚者则适合食用滋补性食物，如银耳、百合、雪梨、莲藕等。贫血患者常吃黑豆、胡萝卜、菠菜、面筋、黄花菜、龙眼肉等食物也有助于改善贫血状况。

所有贫血患者应注意避免喝茶和饮用牛奶。因为牛奶可能导致腹胀，而茶中的茶碱对贫血患者不利。

脾胃虚弱者应保证充足的休息和睡眠，多喝温水，并可适当进行体育锻炼，如慢跑、游泳、打羽毛球等，以增强体质。此外，每天进行200次的禅拍，拍打脾胃部位，也能显著提升脾胃功能。

贫血患者可以通过按摩特定穴位进行自我调理，包括按摩期门穴、肝俞，以及水泉穴。

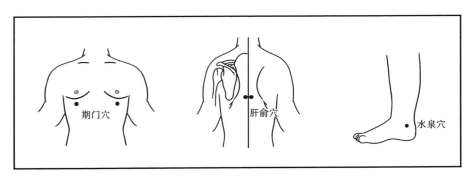

贫血的心理根源往往与情绪低落紧密相关。如前所述,心脏代表爱,而血液则代表着快乐。贫血患者通常内心不开心,自我评价偏低,同时对生活的不稳定感到不安。若能转变思维,认为"我积极拥抱生活,全心体验生活的美好,生活对我来说是安全的",便能培养内在的快乐和满足感。这解释了为何许多性格好强的女性容易患有贫血,她们内心深处有深深的匮乏感和不安全感,她们心理想,可力量却支持不到。她们的行为常常目的性强,做事不是出于真正的喜爱,而是出于自我拯救或保护的需要,因此她们的行动能量源自恐惧而非喜爱。这种恐惧和匮乏感驱使她们过度努力,结果往往是越想要越得不到,过高的期望也是导致不快乐的因素之一。不安全感让她们感到内在的空虚,资源和能力的不足,渴望得到却又觉得自己不配,矛盾的是还常常高估自己,反复受挫最终导致情绪低落。

与贫血类似,白血病患者的心理状态也是"我缺乏快乐,我无法理解"。只有通过转变思维为"我选择快乐",才能掌握生活的主动权。首先,快乐的能量能带来好心情和好运,增强身体的免疫力;其次,选择快乐意味着主动而非被动,选择快乐就是拥有力量。有时候,恐惧和担忧的能量会限制我们主动选择的勇气。做你喜欢和热爱的事情,而不是你认为应该做的事情。不要带着完成任务的心态去工作,那样的体验是"宝宝心理苦",从而陷入长期的不快乐。有人好奇为何近年来白血病儿童的病例有所增加,这些孩子可能承受了母亲的情绪影响,这里分享一个案例:

一位5岁的男孩患有白血病,他的母亲带着孩子来寻求建议,希望减轻孩子在治疗期间的恐惧感,并希望在手术前尽可能让孩子保持快乐。通过咨询,我们可以看出这位妈妈对丈夫的不满,工作上的挫败,以及没能成功竞聘职位的遗憾等负面情绪,这些情绪一直困扰着她,使她常常面带冷漠,显得难以接近。孩子则不自觉地试图分担母亲的痛苦,这种行为源于他想要为母亲减轻负担的愿望。

实际上,5岁以下的孩子与妈妈之间的紧密联系远超我们的想象。妈妈隐藏的不满和不快乐会成毒瘤放在那儿,因为大家的注意力都集中在孩子身上，孩子无意中承担起为母亲分忧的角色，妈妈的不快乐就以孩子白血病方式呈现出来。因此，"母亲对孩子最好的爱是保持情绪稳定"这句话并非空穴来风。如果母亲自身都未能过得幸福，孩子也难以过得幸福。这样，你就能理解"活好你自己是对所有爱你的人最好的回报"这句话的深意了。

觉察练习：

审视自己在哪些方面感到不满意、不快乐。如果放弃某些东西能让你感到快乐，那么，你愿意放弃什么？请列出来。

第十一章　忧思情绪引起的身心疾病

第一节　忧思情绪会导致脾胃失和

一、思伤脾的病理机制

前文提到"思动于心则脾应","思"为脾之志,意味着过度思虑会损伤脾脏。关于思伤脾的病理机制,可以概述如下。

1. 气机失调

中医理论指出"思则气结"。过度思虑会导致气机阻滞,使得身体的气血运行受阻。脾气郁结,长期下去会损害正气,导致运化功能异常。脾气无法将水谷精微有效输送到全身,致使身体各部位无法获得充足的滋养。此外,肝火过旺亦可引起"肝火横逆克脾土"的问题,因此情绪激动时往往食欲不振。

2. 消化功能受损

脾主运化,是人体后天之本。过度思虑会削弱脾胃的消化能力,引发食欲减退、腹胀、大便稀软等症状。这是因为思虑过度导致神经系统功能紊乱,间接减少消化液的分泌,从而影响食物的消化和吸收。

3. 精神状态不好

长期过度思虑还可能引起神经衰弱、失眠多梦、注意力分散等问题。

二、脾胃功能紊乱的表现

心理因素，如过度的精神紧张和恐惧情绪，与思伤脾有关，可能会引起脾胃功能的紊乱。

1. 烧心和泛酸

经常遭受烧心和泛酸困扰的人，通常身形消瘦、皮肤白皙，并带有神经质的气质。这是因为无法消化的情绪压力影响了胃部健康。心理上，恐惧是导致烧心的主要原因，它会引起身体紧绷，影响胃液分泌，导致胸部气滞和呼吸不畅，进而影响胃的正常功能。可以通过自我暗示："我是安全的，我是自由的，无需担忧害怕。"此外，按摩胃俞穴、中脘穴和足三里穴，有助于缓解这些症状。饮食上，应选择清淡食物，并避免饭后立即运动。

2. 胃炎

胃炎的发生与精神过度疲劳、压力过大紧密相关。心理上，恐惧和害怕新事物，担心无法消化吸收新事物，对未来不确定性感到恐惧，这些情绪都会反应在胃部。可以给自己积极的心理暗示："我是安全的，我被生活所支持，我有能力接受新事物。"为了保护胃部，需要放松自己，保持信念："对于未来不可知的事情，不必过度担忧，所有问题最终都能得到解决，如果解决不了，担忧也无济于事。"

一位 14 岁的男孩，每次考试都会感到胃痛。据他妈妈说，每次痛得满头大汗，看起来并不像是装的。经过咨询发现，由于父母关系不好，妈妈经常在家受气，孩子担心自己的成绩不好会辜负妈妈的期望，对不起妈妈所受的委屈，内疚成为他心中的一个结。每次面对考试，他都会担心考不好，身体则以胃痛作为替罪羊。在个案中，让孩子明白，父母的生活和选择与他无关，他也无法帮助他们。放下内疚，专注于学习，反而有可能让妈妈的生活变得更好。孩子因此感到释然，重新获得了学习的动力，目标是考上大学，有能力改变妈妈当前的状况。

3.胃溃疡

胃溃疡往往源于对"我不够好"的恐惧,长期生活在批评和指责中,试图取悦他人,不惜伤害自己的消化道。积极的心理暗示如"我足够好,我是安全的,我可以自由地做我自己,他人的评价不会影响到我"。或通过按摩胃仓穴、中脘穴、涌泉穴等穴位,也可以帮助缓解症状。

饮食上,应避免饮用牛奶和咖啡,不吃过饱,不吃过于辛辣刺激的食物。最好保持三餐定时定量,并避免服用阿司匹林、强的松等激素类药物。

觉察练习:

尝试运用上述原理,解释为什么考试焦虑会导致胃痛？为什么害怕批评的人会经常腹泻？

第二节　缺少爱的支撑会背部疼痛

"脾主肌肉,主四肢",因此与肌肉疼痛相关的问题在此一并介绍。颈肩疼痛除了与生理因素、外伤损伤以及骨质老化等器质性问题有关外,还可能与精神压力有关。

一、背部上端的疼痛可能与情感支持的缺失有关

当一个人感受不到爱意或对爱感到迷茫时,往往是因为从父母那里获得的爱不够充足。这通常被描述为"背后无靠山"的感觉,实际上是指父母未能成为我们最大的支持和依靠。如果从小缺乏这种支持,凡事都得依靠自己,就容易形成一种假性独立。这种独立并非出于自愿,而是因为缺乏可依赖的人。表面上看似独立,不需要任何人,实际上是因为羞耻感而不敢依赖他人。许多看似过分独立的女性,实际上属于这一类。

一位女性客户,小企业主,夫妻关系陷入僵局。由于只能解决来访者的

情绪问题，而无法让她爱人做出改变，我便尝试松动来访者的信念，希望她可以主动迈出打破僵局的第一步。我问她："你会撒娇吗？"她回答说不会。我又问："你会给爱人耍赖吗？"她同样回答不会。无论怎么引导，她都难以放下身段。这位女士在原生家庭中是老大，地位甚至高过父母，自然难以在爱人面前低头。在夫妻关系中，她宁愿争输赢也不愿关系融洽，这表明她内心仍是一个小女孩，缺乏灵活处理夫妻关系的能力。她宁折不弯的性格，说明她小时候没有被宠爱过。被宠爱过的孩子是有低头的能力的。我的话似乎触动了她的心弦，她愿意主动去改善关系了。通过爱自己让自己有力量，就可以卸下这硬硬的外壳。有力量的人不需要硬壳做保护，可以根据不同场景做出应对方案。

由于在母亲那里缺乏爱，我建议她进行冥想练习，重建与母亲的安全依恋关系：

想象你的母亲就站在你面前，观察她站立的位置。她看起来比你高大还是显得渺小？比你高还是比你矮？现在想象你拥有超能力，可以将自己变成一个小婴儿，爬到母亲的脚边，用你的小手轻触她的脚，以引起她的注意。母亲会弯下腰，宠溺地将你抱起。在她的怀抱中，你可以做任何你想要做的事情，比如用脸蹭她的胸口，亲吻她的脸颊，或者将头埋进她的怀里，静静地享受被母亲温柔拥抱的感觉。当你感到满足时，就从母亲的怀抱中下来，回到你当前的年龄。然后，跪在母亲面前，双手向上伸出，从她那里接收爱。将一只手放在胸前，用以爱自己；另一只手向外打开，用以爱生活。通过这种方式激发内在的喜悦和生机，面对生活时就会充满力量。

本练习的目的在于提升个人的安全感，弥补童年时期未能充分感受到的母爱，并解决因家庭结构问题导致的父母关爱无法顺利传递给你的障碍。拥有父母的爱，意味着你身后有着坚实的支持。只要保持一颗纯真的心，你不仅能够从父母那里，还能从历代祖先那里汲取爱与祝福，因为爱是跨越世代的传承。相反，若拒绝接受父母的爱，否认父母赋予的生命，可能会导致力量的缺失，即便努力支撑，也难以实现期望。

二、背部中段的疼痛与在家庭中承担过多责任有关

许多人还伴有肥胖和双肩高耸的体态,给人一种无法放松的印象。改变思维方式的关键在于放下过去的内疚感,内心充满爱意,轻松前行。例如,一位女性客户,因为妹妹被送走,她长期在金钱上大进大出,这实际上是在承担着记住妹妹的责任,结果导致了她身材的肥胖。

三、背部下段的疼痛源自对金钱的恐惧

对于背部下段的疼痛,可以通过自我暗示来缓解:我是安全的,生活会提供我所需的一切。

坐骨神经痛同样源于对金钱的恐惧,通过自我暗示:我是安全的,生活会提供我所需的一切。脊柱弯曲、驼背、椎间盘突出等问题,都源于感觉无法支撑生活。可以替换的信念是:我是安全的,我能够灵活地应对生活中的所有挑战,用爱来支撑自己,无须恐惧。

缓解背部疼痛可以通过按摩以下穴位:身柱穴、脊中穴和胃俞穴。

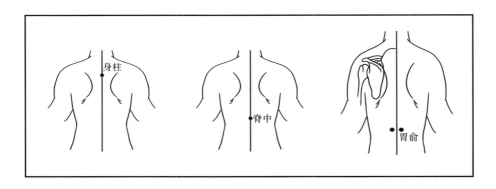

除了按摩穴位,还有两种运动方式可以帮助缓解背部疼痛。

首先是八段锦的第一式——双手托天理三焦。在这一式中,双手需尽力向上推出,以有效拉伸整个背部。

其次是瑜伽中的猫牛式,模仿猫在地面上伸展的姿势,同样有助于拉伸

背部肌群。

关于觉察练习：如果你正经历背痛，尝试去觉察背痛背后的原因，并将其记录下来，然后利用圣多纳释放法进行处理。具体步骤如下：

第一步，接受改变的可能性。问问自己，是否相信释放情绪能够减轻痛苦？如果你的答案是肯定的，那么继续前进；如果否定，则停止练习。正如"心诚则灵"，若心存疑虑，则无须进行。

第二步，与细胞对话。问问自己：我能否放下对背痛的抗拒感？

例如，如果背痛与金钱压力有关，试着对自己说：我意识到了我对金钱的恐惧，我将手放在上面（腰背部）去感受你、抚摸你，感谢你多年来的辛苦支持。我承诺将来不再为了赚钱而忽视你的需求，谢谢你！当你用充满爱意的语言表达感激时，你会发现身体变得温暖而柔软。爱的力量能够化解一切。你已经做到了。

第三步，放下对生病原因的纠结，不再追问为何我会生病，而是专注于如何减轻背痛，认识到自己是安全的，这会让你感到更有力量。不要纠结于过去对金钱恐惧的原因，也不要深入探究原生家庭并寻找责怪的对象，这只会让你停滞不前。你的目标是恢复健康，而不是为了责怪他人。

第四步，放下对疾病标签的认同和深信不疑。无论是听取哪位医生或名人的意见，都不要被那些病名所束缚，也不要抱有任何想要重新来过或重新选择的执念。记住，你所走的每一步都是正确的。那么，你能否放下对疾病的深信不疑呢？答案应该是肯定的。将疾病视为必须去除的敌人只会导致问题，而将其视为提醒你的信使，调整自己的信念和行为，自然会有所改善。

第五步，放下身体的病痛。先关注你的感受，然后将其归类为求认同、生存恐惧、希望控制三类之一。你越能精确地定义并归类你的情绪，就越能释放它。

如果对金钱的恐惧属于生存恐惧？为了生存，你可能忍受了许多委屈，但现在这种生存威胁还存在吗？答案显然是否定的。因此，对过去的恐惧说:"我看见你了,感谢你为了保护我所做的牺牲,现在你的任务已经完成,我可以自己保护自己了。"

觉察练习:

背部是否有疼痛? 用以上知识点分析原因。

第三节　思维不灵活导致颈肩问题

颈肩问题主要包括颈椎病、肩膀疼痛和落枕三种类型。这些病症的生理原因可能是肌肉外伤、受寒邪侵袭、脊柱变形导致神经受压,或是长时间低头使用手机、在床上连续几个小时刷手机导致颈部气血凝滞,以及睡姿不当、枕头高度不合适等。颈椎病的症状包括颈椎肌肉僵硬疼痛、手臂麻痹、肩膀疼痛、头皮紧绷,甚至眼眶疼痛。

心理因素也是颈肩问题的发病原因之一,可能与灵活性有关,或是由于长期精神紧张和压力过大。关节的灵活性对于身体活动至关重要,脖子、脚踝、手腕等关键部位的病变通常与灵活性有关。如果脖子僵硬,可能与思维不灵活、拒绝接受不同观点有关,这往往源于对不安全的恐惧。一个缺乏安全感和力量感的人难以适应变化,不变化应对起来都很费力和辛苦、频繁变动会压力更大。那些把变化视为压力、固执己见的人,常常会抱怨"朝令夕改"。要建立内在的安全感和力量感,摆脱恐惧的束缚,才能灵活应对各种情况。可以通过自我暗示:"我是安全的,我可以灵活地看待一切,也很容易适应变化。"

颈肩痛的心理因素还可能与精神压力过大有关。如果你将生活视为沉重的负担,那么生活本身就会变成压力。一旦将某事视为压力,就会产生对抗情绪,结果仅仅是应对压力就已经让人感到心力交瘁。可以通过自我暗示:"我选择让生活充满快乐。"同时,需要清理那些硬撑着的、压抑的情绪。在这方面,情绪释放技术和圣多纳释放法都显示出了良好的效果。

对他人的期待也可能造成压力。

前文提到的案例中，一位 18 岁的高三女生，颈肩总是紧绷，仿佛有个老巫婆趴在上面，怎么也摆脱不掉。她还伴有考试前的紧张，感觉肚子里有只小怪兽，而考试结束后，小怪兽就消失了。通过咨询，发现颈肩上的"巫婆"来自于她身边对她充满期待的父母，以及她对自己的期待。学习不再只是获取知识的过程，还承载着父母和自己的期望，这使得学习变得沉重。面对作业和考试，她感到压力巨大，当无法达到预期时，她感到无助、绝望，仿佛掉入水中，无法呼吸。

帮助孩子认识到这些期待是父母的，而不是他们自己的。规划未来成为对外汉语教师，既找到了热爱的兴趣爱好，又满足了父母对子女成才的期望，从而有了力量去面对学习，无需选择休学在家。

缓解颈椎问题，除了调整思维模式，运动是最直接且有效的方法。一方面，可以通过滚背的方式进行背部拉伸，持续 15 分钟以打开膏肓穴，或者使用塑料拉环，每天从头顶向后背左右各拉伸 20 次；另一方面，可以进行颈椎拉伸练习，双手侧平举，使手掌和手臂呈 90°，头部向手掌一侧转动时吸气，头部回正时呼气，交替进行，连续做 3 分钟，有助于放松脖子，使其变得柔软。

还可以通过按摩特定穴位来快速缓解疼痛。这些穴位包括肩井穴、大椎穴和天宗穴。

肩部酸痛时，可以尝试按摩膏肓穴、肩井穴以及束骨穴。

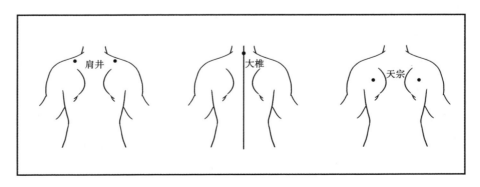

建议定期练习八段锦或瑜伽,以促进颈椎的气血流通,同时注意保暖,避免受凉。此外,调整固执且不灵活的思维模式。

觉察练习:

对照上述观念,审视是哪些信念导致了你的颈肩问题?

第十二章　悲伤情绪引起的身心疾病

肺脏在生理上承担着"主气、司呼吸,宣发肃降,通调水道,以及朝百脉主治节"的重要功能。所谓"肺主气、司呼吸",意味着肺是气体交换的关键器官,负责吸入新鲜空气并排出体内废气。肺朝百脉主治节的功能体现在:全身血液汇聚于肺部,通过肺的呼吸作用,实现气体的内外交换,随后将富含氧气的血液输送到全身各处;同时,肺还辅助心脏调节气血津液及各器官组织的生理活动。简而言之,肺是人体与外界进行气体交换的关键,它不仅负责吸入氧气并排出二氧化碳,还负责将流经肺部的缺氧血液转化为富含氧气的血液,输送到全身,并将废气排出体外。

"悲伤肺"这一说法指的是过度悲伤的情绪会损害肺气。由于肺主气机的升降,悲伤情绪与气机下降形成叠加的作用,导致肺气无法正常上升,反而过度下降。悲伤还可能引起肺气耗散,降低免疫力,使肺部更易受到外界病邪的侵袭,从而影响全身气机的正常运行。悲伤肺的主要症状包括胸闷、气短、哮喘、支气管炎和咳嗽等。

第一节　令人窒息的爱会引发哮喘

支气管哮喘的生理因素通常与个人体质紧密相关,神经质体质和体质较弱的人群更易成为易感者,他们可能对外界因素如花粉、灰尘、温度等表现出过敏反应。至于哮喘背后的心理因素,往往源自父母的过度关爱,这种密不透风的关爱使孩子失去了自主呼吸的空间,无法做真实的自我,为了不让自己哭泣，他们可能会通过过度换气的哮喘症状来表达内心的不满。患有哮喘的孩子通常具有过度的责任感，对生活中的任何小错误都感到内疚，并因此自我惩罚。在严格控制的家庭环境中长大的孩子，容易发展成哮喘患者，即便成年后离开家庭，遇到相似的压力情境，仍可能触发哮喘的复发。

一位 18 岁的女性，作为独生女，她承受着父母无微不至的关爱，同时父母对她的期望也极高，家庭教育极为严格。在中学时期，她对一位男孩产生了好感，但当父亲因此大发雷霆，认为她不再符合父亲眼中的乖女儿形象时，她便开始感到内疚。每当考试成绩不理想，她就会出现过敏和哮喘症状，父母因此也不敢再追问成绩。在咨询过程中发现，父母的关爱让她感到无法找到不学习的理由，但又没有机会反抗这种家庭环境，于是她通过哮喘来逃避内疚感。当父母开始放松对她的看管，她也不再用生病的方式逃避考试，最终考上了大学并离家后，她的哮喘症状基本消失。

若想改善哮喘症状，首先需要转变思维模式，进行自我暗示：我能够安全地掌控自己的生活，我值得被爱，我有权利选择一种自由的生活方式。

其次，学会释放悲伤情绪，比如通过哭泣、倾诉或与他人分享来避免情绪压抑。

饮食调理在健康管理中扮演着至关重要的角色。建议适量摄取具有补肺功效的食物，如黄芪、太子参、山药等，并增加维生素 B 族的摄入量以提升抗压能力。维生素 C 有助于缓解哮喘症状，而维生素 E 则对维护肺功能有益。

此外，运动与呼吸练习同样不可或缺。通过开展扩胸运动或深呼吸练习，可以有效提升肺部功能。

支气管炎通常由支气管炎症或痉挛引起，症状包括咳嗽和气喘。心理因素，如家庭环境的不稳定，可能与频繁的家庭争吵或冷战有关。通过自我心理暗示，可以培养内心的和谐与平静，视周围环境为安宁。

一位 15 岁的白净男孩，因反复发作的支气管炎而休学在家，并寻求心理咨询。他生活在一个复杂的家庭中，父母均是再婚，各自带有前段婚姻的子女，而他是他们再婚后共同的孩子。父亲的外遇导致了第三段婚姻及新的子女。由于家庭成员众多且利益纷争不断，家中总是争吵不休。在这种环境下，男孩的支气管炎时好时坏，有时咳嗽非常严重。休学期间，他整天戴着耳机，抱怨家里过于嘈杂。通过个案咨询，帮助孩子理解到父母的人生选择是他无法控制的，他需要为自己设立界限。同时，在自己与家人之间建立一道屏障，他习惯于戴着耳机，不听外界的争吵，尽量为自己创造一个属于自己的小空间，用于维持学习。经过个案咨询后，孩子的咳嗽次数明显减少，因为他不再需要对着家中的嘈杂声大声呼喊。经过两周的跑步调养，他成功重返校园。

咳嗽或咽喉炎的心理因素可能源于"我无法为自己发声"的感受。因此，要不断告诉自己："我能够自由快乐地表达我的观点，我能够轻松地为自己发声。"

一位女性客户，自小在被父母误解时无法辩解，所有的委屈都积压在喉咙里。在催眠治疗中，通过借助她所崇拜的老师的力量和顽皮的能量，以她自己的方式取出堵在喉咙里的"钢球"。当她成功将钢球从喉咙中挤出时，她放声大哭，全身颤抖，从此她再也没有表达上的障碍。

腹式呼吸是婴儿天生具备的本能，方法是，吸气时将气吸入丹田区域，在吸气过程中，肩膀和胸腔保持静止，只有腹部随之起伏。同时，在呼吸时，大脑应保持空空，不思不想，仅专注于呼吸本身，如此循环往复。许多人不惜花费重金学习呼吸课程，其最直接的好处在于将浅呼吸转变为深呼吸。这是因为深呼吸能够使膈肌下沉，从而激活副交感神经系统，不仅使呼吸变得更加缓慢和深长，还能使整个人感到更加放松。此外，深呼吸有助于缓解急躁情绪，使人变得更加从容和淡定。

肺部象征着输入和输出的能力，呼吸的节奏关系到生存的能力。如果无法自由呼吸，被压抑的忧伤情绪和对参与生活进程的恐惧会束缚生命力。"吐故纳新"不仅是生存的智慧，也是生命的本质状态，它要求我们不断地与外界进行交换，以保持机体的活力。

觉察练习：

你是否能够进行腹式呼吸？为什么觉得难以做到？是什么因素阻碍了你？

第二节 边界被侵犯会导致皮肤病

作为中国人，我们多少都了解一些中医的基本知识。"肺主皮毛，开窍于鼻，其华在皮毛"，这描述了肺与皮肤之间的关系。在正常情况下，肺的精气能够润泽皮肤、保护皮肤表面，而皮肤的散热和汗孔的开合也与肺的宣发功能紧密相连，共同作用于温煦肌体、保护肌肤、抵御外界邪气；"开窍于鼻"意味着鼻是呼吸之气出入的通道，与肺直接相通，因此鼻被称为肺之窍；在病理状态下，肺的功能受损会影响到皮肤的滋养，导致皮肤干燥等问题。皮肤作为人体最大的器官，不仅提供保护屏障，还是呼吸系统的一部分，通过毛孔进行气体交换。当皮肤出现瘙痒时，通常表示血液循环畅通而气流受阻；感到麻木则表明气流不畅而血液循环正常；当感觉沉重麻木时，则是气血均不畅通。从症状的严重程度来看，"疼轻、麻重、木难医"。

皮肤病常常与气血不畅和精神压力有关。通过调理脾胃、增强肺功能、调整饮食、补充 B 族维生素、增加运动、保证充足睡眠以及保持心情愉快，可以有效解决气血不畅的问题。至于心理因素的调节，可以从摒弃有毒信念开始，以皮肤过敏、皮肤瘙痒、白癜风、皮疹等为例。

1. 皮肤过敏

皮肤过敏有时能找到明确的过敏原，有时则是心理上感到外部环境不安全，或感觉到个人边界受到侵犯，甚至是对某人产生过敏反应。

一位 17 岁的女孩因焦虑、失眠、强迫行为前来咨询。在治疗过程中发现，孩子渴望与异性交往，但母亲不允许，导致内心冲突，道德感与本我欲望之间的矛盾引发了强迫性洗手行为。每当提及父亲，孩子就会感到头部和脸部很痒，她对父亲的恐惧和排斥通过皮肤瘙痒表现出来。帮助孩子释放这些情绪，并与父亲和解后，症状消失了。类似于严厉的管教和言语奚落、动手打孩子，都是对孩子个人边界的侵犯，无法保护自己的孩子便通过身体症状表现出来。

如果你长期受到皮肤过敏的困扰，且无法找到过敏原，不妨反思一下，你是否对某个人或某种情境过敏？同时，可以进行自我心理暗示："我是安全的，世界是友好的，我可以自由表达我的想法。"

有些过敏反应即使能找到过敏原，但心理因素也常常参与其中。

一位30岁男性，家庭聚会时，吃豆角、胡萝卜丝并饮酒后会出现过敏反应。表面上看似对这些食物过敏，但深入分析发现，他对聚会的氛围过敏，因为他需要面对一家人，可能会产生矛盾和冲突。为了避免可预见的冲突，每次聚会都以他服药后睡觉而迅速结束，这样就避开了后面有可能爆发的更大冲突。

2. 皮肤瘙痒

颈部的皮炎问题，往往表现为血液流通但气滞不通。有时，这种症状也可能是心理因素所致：

一位女性多年来耳朵后方皮肤瘙痒难耐，经常抓挠至皮肤破损，试图抠出里面的"东西"。通过个案分析发现，这种瘙痒与她过去犯错后的内疚感有关。她无法接受自己曾经的错误行为，这种抗拒的力量不断折磨着她。每次瘙痒发作时，她都试图抠出"里面的东西"，仿佛可以抹去当年的错误，这种不接纳让她一直活在过去。为了健康可以换个念头："我承认自己犯了错，每个人都会犯错，犯错也不会影响我未来的生活。我宽恕自己，我自由了，你也自由了。谢谢你（疾病）的提醒，让我学会接纳犯错，学会放下过去，轻装上阵。感谢你。"

人生中难免会有遗憾,学会放下过去,我们才能继续前行。如果我们总是执着于过去,就会被困在原地。

3. 白癜风

白癜风的内在心理机制可能源于感觉自己缺乏归属感,被排斥在群体之外。被排斥的初衷是希望不被注意,但结果却因为脸上的白癜风而变得格外显眼。这是在用牺牲自己的方式来吸引注意,希望被看见,希望归属于这个系统。也可以尝试另一种心理暗示:"我是生活的中心,被爱所包围。"让自己真正地回到被排斥的群体中,而无须依赖白癜风来引起关注。

4. 皮疹

皮疹是由于焦虑、恐惧或感受到威胁而产生的,也可能是对拖延感到愤怒的结果。皮疹的出现类似于脸上的黑头,属于压抑的愤怒小小的爆发。可以不断进行自我暗示:"我是安全的、自由的,我爱自己,我可以平静地看待生活。"

上述的自我暗示和心态转变不能仅仅停留在头脑层面,否则将无法带来任何实质性的变化。只有当我真正有所感悟、成长和提升,内在的转变才会真实发生,能量也会随之改变。否则,无论在头脑层面重复多少次,都将是徒劳无功。真正的修行需要在身体、心灵和精神三个层面同时进行。尤其是必须从源头上扭转那些产生情绪的思维模式,并将情绪进行剥离,否则,只要信念的种子在,情绪就会反复出现,疾病也会不断复发。

觉察练习:

如果你被皮肤问题困扰,尝试探究是否有心理因素参与其中。

第三节　消化不了的情绪会导致腹泻

在人体的五脏六腑中,肺与大肠相互对应。肠道问题往往由病理性因素引起,例如肠炎通常与细菌感染相关,便秘与肠蠕动功能不足有关,痔疮则与久坐的生活习惯有关。然而,精神压力或恐惧情绪同样可能成为肠道问题的诱因。现代医学界提出了"脑肠轴"的概念,强调肠道系统作为人体的"第二大脑",因此情绪变化也能够引发肠道问题。

1. 肠炎

肠炎通常由细菌感染引起,但精神压力也可能导致精神性腹泻。当个体内心感到外部环境的不安全感,并难以释怀过去时,情绪上的负担就可能转化为肠炎的症状。为了改善这一状况,建议学会与过去和解,放下负担,轻松前行,并以平和快乐的心态享受生活。

一位18岁男孩,经常出现腹泻的情况。通过咨询了解到,这是一个追求完美的孩子,每当他对自己未能做好的事情感到后悔自责时,就会出现腹泻。他无法接受自己犯错,担心犯错会遭到批评。对他而言,重要的信念调整是认识到"犯错是人之常情,每个人都会犯错"。要实现这一信念转变的前提是内心拥有力量,感觉自己值得并配得上父母的爱,不会因为犯错而失去父母的关爱。父母需要做出的调整是放下对孩子过分苛刻的要求和繁多的家规,否则孩子会深陷于恐惧犯错的情绪中,无法自拔。

2. 便秘

便秘可能是由于不良的饮食习惯,或是腹部肌肉力量减弱导致肠道蠕动不畅引起的。然而,心理因素往往起着更重要的作用。便秘的人常常表现得很小气,伴着一种抠抠缩缩的能量,他们对丢弃旧物感到恐惧,担心将来可能会用到。同时,他们过分恋旧,难以舍弃旧观念,性格上显得固执。要改善这种状况,可以从行动和心理两方面着手。心理上,首先需要面对内心的恐惧,即害怕"失去"东西。因此,他们往往是单位中最后一个离职的人,是不愿意频繁购买流行时尚的新物品,担心上当受骗的人。他们谨慎小心,避免冒险,创业进入新行业对他们来说非常困难。解决问题的关键,是让他们认识到,成长本质上是一个不断"面对失去"的过程。正如你长大后无法再穿小时候的衣服,需要不断更换更大的衣物;当你觉得玩玩具太幼稚,不会因为与老师争执而不做作业时,你就成长了。成长意味着不断与过去告别,以便轻松地迈向未来。否则,紧紧抓住旧物不放,又怎能腾出手来接纳新事物呢?心理上做好断舍离的准备后,再从行动上实践断舍离,清理掉不需要的衣物,将它们捐赠给需要的人,而不是让它们占据你的衣柜空间。断舍离还能锻炼你的聚焦能力,丢弃不需要的物品,做出选择,只保留自己最需要的,这样不会分散精力。留下的都是你最喜欢的,你的能量也会变得纯净而快乐。这种积极的能量是能够吸引财富的。

增加运动量以促进肠道蠕动,以及进行腹部按摩都是有益的方法。按摩大巨穴、大肠俞穴、太白穴有助于打开身体,促进肠道健康。

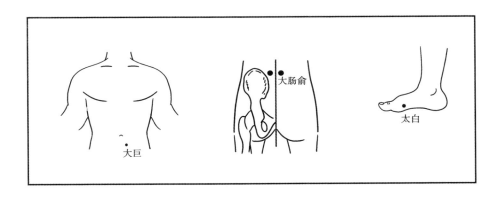

在饮食方面,建议早晨起床后饮用加少许盐的开水,蜂蜜水或决明子茶也是不错的选择。同时,应增加蔬菜和水果的摄入量,并在早晨7点前定时排便。

3. 痔疮

痔疮的形成与长时间久坐、饮酒以及孕产等因素密切相关。从心理角度来看,肠道问题往往与陈旧的思维模式阻碍消化道功能、积累负面信念有关,这些信念包括对过去的愤怒和对截止日期的恐惧等。由于对未来感到不安,人们往往难以舍弃旧事物和旧信念。与便秘相似,恐惧是阻碍人们摒弃废物的唯一障碍。因此，不仅要理解"旧的不去新的不来"的道理，还要不断提醒自己"我是安全的"，同时增强面对"失去"时的勇气。这类人对拥有物品有强烈的执着，认为只有拥有的东西才能带来安全感。只有通过不断经历"失而复得"的过程，才能逐渐消除对失去的恐惧。实践断舍离是一种有效的方法，捐赠不再需要的物品对生活的影响其实微乎其微，反而能为新事物腾出空间。如此循环往复，对放手的抵触感也会逐渐减少。首先，可以引导他们理解《易经》中的"阴阳"概念，在家居环境的布置上应保持 1/3 的"阳"和 2/3 的"阴"，即物品摆放不超过 1/3 的空间，留出 2/3 的空旷区域，这样需要的物品自然会进入。接着，为了维持这种平衡，建议在换季时定期清理家中多余的杂物，为更好的事物腾出空间。同样，我们的心灵和身体也需要定期清理，以保持活力和生机，这是一个吐故纳新的过程，不能只进不出，否则平衡就会被打破。

4. 阑尾炎

阑尾炎是一种由于阑尾管腔堵塞或血供中断导致的阑尾坏死，随后引发细菌感染的炎症性状况，表现为剧烈腹痛。它与多种因素相关，包括过量摄入辛辣食物、异物进入、腔管狭窄等。然而，心理因素也不容忽视，胃肠神经官能症和过度紧张的情绪可能起到推波助澜的作用。特别是那些对生活充满恐惧和担忧的人，他们往往难以接受变化，总是拒绝接受好事。为了缓解这种恐惧和紧张，可以尝试调整内在信念：我感到安全，我放松，我让生活充满乐趣。实际上，肠炎类疾病往往与陈旧思想堵塞消化道有关，这些思想让人深陷过去无法自拔。炎症的发生象征着内心的不安全感，对过去的事情难以释怀。只有转变思维，告诉自己：我彻底释放过去，让自己的生活有条不紊，平静快乐地享受每一天，才有可能从根本上解决问题。

觉察练习：

你是否曾经被痔疮和便秘困扰？这些状况是由哪些信念引起的？请将它们列出来。

第十三章　恐惧情绪引起的身心疾病

"肾主藏精,负责生长发育与生殖、主水、主纳气、主骨生髓,通与脑,开窍于耳及二阴,其华在发"。"肾主藏精",意味着肾脏负责储存和封藏人体的精气,并以此主导人体的生长发育、生殖功能以及调节水液代谢等重要生理活动。肾脏的健康状况,直接关系到人体的生长发育是否正常,生殖能力是否强健,以及骨骼是否坚固,脑髓是否充盈。肾精分为先天之精和后天之精:先天之精源自父母的生殖之精,是人体生长发育的基础;后天之精则来源于饮食中的水谷精微,通过脾胃的运化转化为精微物质,以补充肾精。因此,脾胃功能的强弱直接影响后天之精的生成。此外,"其华在发"表明肾脏的健康状况可以通过头发的状况反映出来。正如"发为血之余"所述,头发的健康依赖于肾精和血液的滋养,肾精充足时,头发会乌黑浓密,有光泽;反之,肾精不足则可能导致头发干枯、脱落或变白,这是较为明显的外在表现。

导致肾气不固的主要情志因素是恐惧。毫无疑问,情志因素会对身体健康产生影响。在七情之中,恐惧直接损害肾气。首先,恐惧会引发强烈的应激反应,导致肾气下降,进而影响肾脏功能;其次,恐惧引发的应激反应还会增加体内肾上腺素的分泌,这种激素的大量释放会促使肾上腺皮质激素大量消耗,从而削弱肾脏的免疫功能;此外,长期处于恐惧状态还会导致交感神经持续兴奋,引起血管收缩、血压升高,加重肾脏负担,进一步影响肾气的固摄功能。

第一节　过度恐惧导致肾炎病变

除了生理性因素，长期的情志失调，如焦虑、恐惧，都可能诱发肾脏类疾病，例如肾炎、膀胱炎和尿道炎等。

肾炎的典型症状包括血尿和水肿。血尿的成因是肾小管通透性增加，导致血细胞渗透进尿液；而水肿则是因为水钠潴留，导致水代谢障碍而形成。血尿可能与恐惧有关，导致肾小球功能异常；水肿则通常与思维停滞和淤塞有关，表示正常的水代谢受阻，可能与思想停滞有关。不妨审视一下，是否有难以释怀的人或事？保持思想的灵活性，不执着于某人某事，避免长期处于恐惧情绪中，这些都是解决问题的方法。

一位11岁男孩，长期面对妈妈的批评和邻居的欺负，这种双重恐惧持续了3年，最终导致他患上肾炎，并在住院期间两次收到病危通知。经过长达半年的治疗，他离开了导致恐惧的环境，免疫系统逐渐恢复。为了防止病情复发，从心理上拔除有毒信念也十分必要。一方面引导妈妈改变语言虐待和批评的教养方式，另一方面引导孩子认识到随着年龄和身高的增长，被邻居欺负的可能性也在减小。外界威胁消除后，内在植入"凡事至少有三种解决方案"的信念，帮助他找到至少三种可以保护自己的方法，例如与小伙伴一起放学回家、与弟弟商量结伴行事、学习一套少林拳等自我保护方式。康复后，他的病情至今没有复发。

在这个案例中，他的心理状态不仅涵盖了深刻的恐惧，还包括绝望和羞耻感。关键在于让他理解：成长是安全的，无须畏惧；同时，也要让他认识到，无尽的恐惧终将消散，以及在遭受他人欺凌时所体验到的羞耻感。

此外，缓解水肿可以通过按摩特定的穴位来实现。可以按摩肾俞穴、盲俞穴和瞳子髎，或者搓揉期门穴和涌泉穴，这些方法有助于促进排水排湿。

膀胱炎和尿道炎在性质上都属于炎症，而炎症往往与愤怒情绪相关。

通常在一个人的生活环境中,如果存在被排挤、被批评责备的愤怒和恐惧,可能会产生报复心理,想要责备他人带来的不公。首先,外在的改变是学会为自己设立界限,不能任由他人欺负;如果是孩子,父母应及时给予保护。其次,从心态上进行调整,通常缺乏自我价值感、过度迎合他人的人容易遭遇被排挤或遭受无端批评的问题,因此要学会自爱,不再创造或吸引排斥自己的环境,生活中只创造快乐,对外界的负面评价有选择性地忽略,以避免消耗自身的能量。

觉察练习:

你是否曾被恐惧情绪所困? 你是如何摆脱它的? 通过强化自我,让自己变得更加自信。

第二节　感觉需要被保护会引起肥胖

肥胖和超重的生理因素与个人的代谢、饮食习惯以及运动习惯紧密相关。通常情况下,通过控制饮食和增加运动量,这种状况是可以得到改善的。这里排除了因食物不健康或含糖量过高,以及不良的饮食习惯所导致的问题。下面我们探讨导致暴饮暴食、过劳肥以及特殊需求问题的心理根源。

一般而言,肥胖或超重的生理因素多与过量进食和缺乏足够的运动消耗有关。但长期的过量进食往往与心理因素相关。当一个人内心的声音是:"我缺乏安全感,需要被保护,只有让自己变得胖壮才能自我保护。"这种持续不断的过量饮食背后隐藏着深刻的恐惧和不安全感。除非他能意识到:"我是安全的,受到保护的,我愿意承担起自我照顾的责任,并且我爱自己,认可自己。"通过增强安全感和力量感,就不必依赖脂肪来提供保护了。过量饮食的极端形式是暴饮暴食,通常由内在的匮乏感引起。一方面,总感觉吃不够,这种"缺"的能量感容易导致过量进食;另一方面,可能是口唇期的创伤导致的，因为当时口唇的需求未被满足，通过吃东西来缓解压力，只有吃才能带来"爽"的感觉，只有吃才能证明我活着，或在争吵中一定要赢，逞一时口舌之快，这些都是口唇期创伤的后遗症。

不同部位的肥胖，其内在心理原因也略有差异。

1.胳膊粗壮

胳膊粗壮与心包经阻塞有关，心是感受爱的器官，因此与"爱被拒绝的愤怒"有关。常默念："我要创造我所渴望的爱，而不是经历被拒绝的爱。"当心包经通畅时，胳膊将逐渐变得纤细。

2.腹部肥胖

内在心理是对食物的渴望、对吃不到食物的愤怒，以及对自我牺牲的愤怒。常默念："我从精神食粮中获得滋养，我感到满足和自由。"你也可以将充满爱的手放在腹部，感受那些愤怒和委屈，并对他们说："我看见你了，感谢你这么多年的支持，谢谢你为我提供的所有滋养。"用你所能给予的爱去抚慰它，被委屈撑大的肚子自然会变小。

3.臀部肥胖

这通常反映了对父母深藏不露的愤怒。常默念："我愿意与过去和解，尊重你们（父母）的命运，理解你们的局限性。从现在起，我将完全承担起对自己人生的职责，让过去的事情留在过去，我会好好照顾自己。"肥胖就会缓解，毕竟，父母也带着他们童年的创伤，无法做到完美无缺。

4.大腿肥胖

这往往积聚了童年时期的愤怒，特别是对父亲的。常默念："我接受过往的一切，不再执着于让一切重来，我愿意放下过去，你我都自由了。"放下对抗的力量，羁绊自然消散。

5.过劳肥

过劳肥是压力和恐惧的体现，压力源于对改变的恐惧，而恐惧则源于对生活的不信任。恐惧是一种心灵的局限,担心自己会破产或流落街头,恐惧与爱恰恰相反,我们越是信任自己、爱自己,就越能吸引爱和信任进入我们的生活。如果我们感到害怕和忧虑,生命就会不断出现错误,循环往复。因此可以常默念:"我是安全的,我有能力随时接受改变,恐惧是等待被爱发现的地方,有爱的滋养,我不再害怕一切。"

6. 特殊的心理需求导致的肥胖

有些人的肥胖似乎难以找到合理的解释,但往往与他特殊的心理需求相关。

一位适婚年龄的女性,尽管饮食量不大且保持适量运动,身体健康状况良好,但通过个案分析发现,这位女性内心抗拒成长和恋爱,通过维持婴儿肥的体型来避免女性的身体曲线,从而减少对男性的性吸引力,避免了婚姻的压力。这明显体现了身体状态与心灵状态之间的联系。

要改变肥胖的状态,除了需要转变思维模式,还需要清理情绪(清理情绪方法参照前文介绍),同时寻找适合自己的运动健身方式、调整饮食习惯以及保证充足的睡眠。

在饮食方面,建议以素食为主,确保营养均衡;在食量上,保持七分饱,过量进食不仅令人不适,还会消耗过多的精力去消化多余的食物;在用餐频次上,一天 1~3 餐均可,但应在 8 小时内完成进食,保持 16 小时的空腹状态有助于提高思维的敏捷性。

睡眠应遵循五脏的活动规律,建议晚上 9 点—11 点上床睡觉,早上 5点—7 点起床。规律的锻炼和早餐将使你充满活力,同时避免因熬夜和睡眠不足导致的补偿性过劳肥胖。

致　谢

　　当敲下本书的最后一句话时,我仿佛把过去 18 年学习心理学的路程做了一个阶段性小结。感谢学习成长路上每一位老师的解惑授业之恩,包括求学路上的李克宇老师、杨卫东老师、田晓红老师,以及心理学专业成长路上李中莹、张晓红、史蒂芬·吉利根、罗伯特·迪尔茨、奥南朵、林文采等众多老师给予的悉心指导。

　　特别感谢郑州大学耿耀国教授在我写作此书的过程中给予的专业指导意见,并在百忙之中抽出时间作序。感谢我的同学董艳艳、范小慧给的意见反馈,感谢同事安泽洋在初稿整理上给予的支持,感谢责任编辑郜毅老师为此书付出的辛苦,更感谢我的父母给予的精神鼓励!

　　这里也特别感谢各位来访者提供的创作灵感,并允许我使用部分案例,好让每一个方法都不显得那么空洞,这背后是一个个鲜活的生命给的启示,正应了那句话"用生命影响生命",希望每一次心与心的碰撞都能产生情感共鸣。

　　最后,谨以此书献给还在暗夜中摸索前行,仍然受困于各种情绪内耗的读者,希望我的案例分享能让你们有力量早日跳出情绪旋涡,勇敢地做自己!